普通高等学校计算机科学与技术应用型规划教材

C♯程序设计语言

杜松江　卢东方　张　佳　编著

李华贵　主审

北京邮电大学出版社

·北京·

内 容 简 介

本书的编写目的在于培养学生 C♯语言编程的基本能力,主要内容包括 Visual Studio 2008 开发环境的介绍、C♯语言基础、程序控制语句、类和类成员的设计、继承与多态、异常处理、字符串、数组与集合、泛型、委托与事件、文件和流等。

本书注重 C♯语言基本语法的讲解,内容深入浅出,通俗易懂,可操作性强。本书的全部代码均运行通过,代码可从北京邮电大学出版社网站下载。本书可作为高等院校、独立院校及高职高专计算机、信息类专业和其他相关专业的教材,也可供广大程序设计爱好者参考。

图书在版编目(CIP)数据

C♯程序设计语言/杜松江,卢东方,张佳编著 . --北京:北京邮电大学出版社,2011.4(2022.7 重印)
ISBN 978-7-5635-2570-6

Ⅰ. ①C⋯   Ⅱ. ①杜⋯②卢⋯③张⋯   Ⅲ. ①C 语言—程序设计   Ⅳ. ①TP312

中国版本图书馆 CIP 数据核字(2011)第 045102 号

书　　　名:C♯程序设计语言
作　　　者:杜松江　卢东方　张　佳
责任编辑:王丹丹　田雨佳
出版发行:北京邮电大学出版社
社　　　址:北京市海淀区西土城路 10 号(邮编:100876)
发 行 部:电话:010-62282185　传真:010-62283578
E-mail:publish@bupt.edu.cn
经　　　销:各地新华书店
印　　　刷:唐山玺诚印务有限公司
开　　　本:787 mm×1 092 mm　1/16
印　　　张:18
字　　　数:444 千字
版　　　次:2011 年 4 月第 1 版　2022 年 7 月第 10 次印刷

ISBN 978-7-5635-2570-6　　　　　　　　　　　　　　　　定　价:42.00 元

前　　言

　　.NET 是微软公司推出的一个非常优秀的平台,近年来已经迅速普及。在该平台上,可以开发出各种安全、可靠的应用程序:控制台应用程序、Windows 应用程序、ASP.NET 网站应用程序、Windows 服务、Web 服务、智能设备应用程序等。.NET 平台上支持的语言较多,有 C♯、VB.NET、J♯等。C♯语言自 C/C++演变而来,它具有简洁、功能强大、类型安全、完全面向对象等优点,使其成为微软.NET 战略中一个极其重要的组成部分。C♯语言通常被作为初学者进入.NET 平台的一种语言,随着.NET 技术的普及,C♯语言已成为开发基于.NET 的企业级应用程序的首选语言。编写本书的目的就是为了能够让读者认识.NET 平台并掌握 C♯语言。

　　本书通过简明扼要、深入浅出的语言,并结合大量的实例,讲解了 C♯语言的相关知识及各种热点技术,内容主要包括 Visual Studio 2008 开发环境的介绍、C♯语言基础、程序控制语句、类和类成员的设计、继承与多态、异常处理、字符串、数组与集合、泛型、委托与事件、文件和流等。通过学习本书内容,读者能够比较全面地了解和掌握 C♯语言语法的相关知识,从而为下一步学习基于 C♯的 Windows 应用程序设计和 Web 应用程序设计奠定坚实的基础。

　　本书内容由浅入深、循序渐进、实例丰富、可操作性强,既可作为高等院校、独立院校及高职高专计算机、信息类专业和其他相关专业的 C♯程序设计语言的教材,也可供广大程序设计爱好者参考。本书的主要特点如下:

　　1. 内容全面。本书力求内容系统完整、重点突出,尤其注重培养学生程序设计的思想和实际应用的能力。

　　2. 实用性强。理论讲述以实例为主,通过实例说明理论。在阐述 C♯语言基本知识的基础上,以控制台应用程序的设计为主,用图书馆管理等相关实例为主线,阐述 C♯程序设计的方法与技巧。

　　3. 可操作性强。每章均有一定量的习题,帮助读者掌握和巩固所学的知识。每个例子配有完整的代码,便于实践环节的展开。

　　4. 本书提供所有代码源程序下载,并提供电子教案供教师参考,读者可从北京邮电大学出版社网站免费下载。

　　本书第 1、2、3、6、7 章由杜松江编写,第 4、5 章由张佳编写,第 8、9、10、11 章由卢东方编写,李华贵教授任主审。全书由杜松江负责统稿。本书编写过程中,参考了大量权威书籍和资料,同时也融入了编者多年在教学和实际项目开发中积累的大量经验。本书在编写过程中得到了各方面的大力支持,在此一并表示感谢。

　　鉴于编者水平有限,时间仓促,不足与错误之处在所难免,敬请读者指正。

编　　者

目 录

第1章 C♯程序设计初步

  .NET 是一种面向网络、支持各种用户终端的开发平台环境。C♯语言是微软公司推出的.NET 平台下的一种新型语言,集多种语言的特点与优势,是.NET 应用程序开发的首选编程语言。

  本章介绍.NET 平台、面向对象的含义、C♯语言的特点、Visual Studio 2008 开发环境及控制台应用程序的开发步骤、如何获取帮助等内容。

1.1 .NET 平台与.NET 框架简介

1.1.1 .NET 平台

  2000 年 6 月 22 日,微软公司正式推出 Microsoft.NET。比尔·盖茨在推出.NET 时曾经说过:"未来 5 年,我们的目标就是超越今天各自为营的 Web 站点,把 Internet 建成一个可以互相交换组件的地方。"微软已经感觉到只靠销售软件包没有什么前途,计划今后逐步转向在网络上使用"服务"的这种商务模型。这样,首先要解决的就是网络上用来开发并执行所有"服务"的平台,这就是 Microsoft.NET。

  目前,随着各种不同终端设备的发展,利用不同语言开发的、基于不同系统平台、相对分散独立的各种信息的交互变得备受关注。.NET 的最终目标就是让用户可以在任何地点、任何时间、通过任何现有的设备来得到自己需要的信息,真正达到网络互联的"3A":Anywhere、Anytime、Anydevice。

  在.NET 平台上,可以实现使用多种语言开发应用程序,可以简单地重复使用已有的功能模块或数据。开发的应用程序可以运行在不同的设备和操作系统上。

  .NET 平台包括.NET 框架和.NET 开发工具等组成部分。.NET 框架是整个开发平台的基础,包括公共语言运行库和.NET 类库。.NET 开发工具包括 Visual Studio.NET 集成开发环境和.NET 编程语言。

1.1.2 .NET 框架

  .NET 框架(.NET Framework)是.NET 开发平台的基础。.NET 框架提供了一个跨语言的、统一的、面向对象的开发和运行环境。.NET 框架的目的是便于开发人员更容易地建立 Web 应用程序和 Web Service,使得 Internet 上的各个应用程序之间可以使用 Web Service 进行沟通。

.NET框架的基本结构如图1-1所示。在图1-1中,操作系统处于整个.NET框架的最底层。公共语言运行库(Common Language Run,CLR)是.NET框架的基础。公共语言运行库是一个在执行时管理代码的代理,提供核心服务(如内存管理、线程管理和远程处理等),而且还强制实施严格的类型安全以及可确保安全性和可靠性的其他形式的代码准确性。

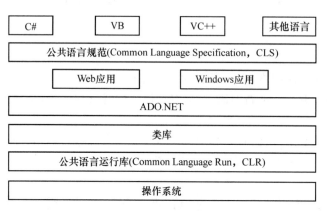

图1-1 .NET框架结构

.NET类库是一个综合性的可重用类型的集合,是使用系统功能及编写.NET程序的基础。.NET类库通过命名空间对所有类及其内容进行管理。

ADO.NET是基于.NET Framework的新一代数据访问技术,ADO.NET的主要目的是可以在.NET Framework中更容易地创建分布式的数据共享的应用程序。ADO.NET建立在XML的基础之上,为数据访问提供了许多工具,为应用程序间交换数据提供了很好的条件。

Web应用和Windows应用属于两种不同的.NET平台下应用程序开发模式,即所谓的基于Windows的应用程序开发和基于Web的应用程序开发。

公共语言规范(Common Language Specification,CLS)是支持.NET平台上各种语言间可互操作的一组规则。所有.NET语言都应该遵循此规则才能创建与其他语言可互操作的应用程序。

1.1.3 编译.NET程序

.NET采用特殊的方式编译和执行各种应用程序。编译时,内置的语言编译器首先将应用程序编译为微软中间语言(Microsoft Intermediate Language,MSIL)。MSIL由.NET框架中的组件CLR管理和执行。在进行第二步编译时,.NET框架采用了一种名为即时编译(Just In Time,JIT)的技术。JIT将MSIL代码转换为可以直接由CPU执行的机器代码,整个编译过程如图1-2所示。一旦编译成功,在下一次被调用时也无须再次编译。

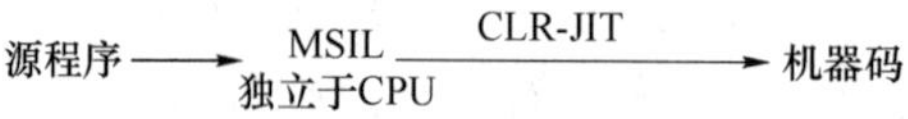

$$源程序 \longrightarrow \underset{独立于CPU}{MSIL} \xrightarrow{CLR-JIT} 机器码$$

图1-2 .NET程序编译过程

需要强调的是,在.NET 框架支持的语言中,各种语言在第一步编译时都被编译成 MSIL 代码。而 MSIL 代码是不存在语言差别的,它是独立于任何一种硬件平台和操作系统的。因此,语言之间可以实现相互调用和代码共享,开发人员可以任意选用自己熟悉的.NET 编程语言。

1.2　面向对象的理解

面向对象(Object Oriented,OO)是一种应用程序设计和开发的思想,已经成为了软件开发方法的主流。面向对象的概念和应用已超越了程序设计和软件开发,扩展到很宽的范围,如数据库系统、交互式界面等领域。

起初,面向对象是专指在程序设计中采用抽象、封装、继承、多态等设计方法。而现在,面向对象的思想已经涉及软件开发的各个方面,如面向对象的分析(Object Oriented Analysis,OOA)、面向对象的设计(Object Oriented Design,OOD),以及我们经常说的面向对象的编程(Object Oriented Programming,OOP)。使用面向对象进行应用程序开发能够很好地对现实中的物体进行抽象,这样就在一定程度上丰富了应用程序的结构。

1.2.1　传统的面向过程

在面向对象编程出现之前,面向过程(结构化编程)的编程方式一直占据主流的位置。所谓面向过程编程,就是分析出解决问题所需要的所有步骤,然后用函数或过程将这些步骤一步一步地实现和调用。面向过程讲究的是自顶向下、逐步细化的编程思想。FOR-TRAN、Pascal、C 等都是面向过程的语言。

比如求两个整数的和,面向过程的一段 C 语言代码如下:

```
void main()
{
    int s = 0;              //定义一个整型值,用来存放和
    InputElem(x,y);         //由用户输入 2 个整型值
    s = Sum(x,y);           //Sum 方法计算和之后将返回值赋值给 s
    printSum(s);            //将计算结果打印出来
}
```

从上述代码中可以看出,当执行一个主函数 main 时,按照程序逻辑调用不同的函数,来达到运算的目的。用结构化方法开发的软件,尤其是面向大型软件的开发时,其稳定性、可修改性和可重用性都比较差,这是因为结构化方法的本质是功能分解。具体而言,面向过程编程存在以下问题:

(1)面向过程编程最大的一个缺点就是对数据的安全性保护不够。在面向过程编程中,数据与操作数据的函数是分开的。把数据和代码作为分离的实体,反映了计算机的观点,因为在计算机内部数据和程序是分开存放的。但有时数据是全局的,这意味着对数据的访问和操作是不能控制,也是不能预测的,如多个函数或语句访问相同的全局数据,可

以想象这种方式编制出来的软件潜在的危险性有多大。使数据和操作保持一致,是程序员的一个沉重负担,在多人分工合作开发一个大型软件系统的过程中,如果负责设计数据结构的人中途改变了某个数据的结构而又没有及时通知所有人员,则会发生许多不该发生的错误。

(2)可维护性差。结构化方法是围绕实现处理功能的"过程"来构造系统的。然而,用户需求的变化大部分是针对功能的,因此这种变化对于基于过程的设计来说是灾难性的。用这种方法设计出来的系统结构常常是不稳定的,用户需求的变化往往造成系统结构的较大变化,从而需要花费很大代价才能实现这种变化。

(3)可重用性差。软件代码的重用性很差,即使重用,也是简单的复制,代码数量急剧增加,而不能直接继承和应用。

1.2.2　什么是面向对象

面向对象把程序中各个功能模块按照分类进行归纳和整理,然后将整理结果制作成一个"类"。面向对象技术是一种以对象为基础,以事件或消息来驱动对象执行程序处理的编程技术,具有抽象、封装、继承及多态等特性。面向对象程序设计方法认为,客观世界是由各种各样的实体组成的,这些实体就是面向对象方法中的对象。Visual Basic、C++和C♯等都是面向对象的语言。

与面向过程相比,它具有以下优点:

(1)与人类习惯的思维方法一致

面向对象的开发方法与传统的面向过程的方法有本质不同,这种方法的基本原理是,使用现实世界的概念抽象地思考问题,从而自然地解决问题。它强调模拟现实世界中的概念而不强调算法,它鼓励开发者在软件开发的绝大部分过程中都用应用领域的概念去思考。在面向对象的开发方法中,计算机的观点是不重要的,现实世界的模型才是最重要的。面向对象的软件开发过程从始至终都围绕着建立问题领域的对象模型来进行:对问题领域进行自然的分解,确定需要使用的对象和类,建立适当的类等级,在对象之间传递消息实现必要的联系,从而按照人们习惯的思维方式建立起问题领域的模型,模拟客观世界。

比如,在图书馆管理系统中,我们可以从现实世界中得到这些实体:图书、读者、图书馆管理员等,那么这些实体就是我们在图书馆管理系统中要构造的对象。这个系统的运行过程就是这些对象进行交互的过程。

(2)数据和行为分离

面向对象的软件技术以对象为核心。对象是对现实世界实体的正确抽象,它是由描述对象内部状态的数据,以及可以对这些数据施加的操作(行为),封装在一起所构成的统一体。对象内部状态的数据具有访问权限的控制,有些数据是能够公开访问的,有些数据则是限制访问的,这样就能够确保数据的正确性和安全性。

(3)稳定性好

因为面向对象的软件系统的结构是根据问题领域的模型建立起来的,而不是基于对系统应完成的功能的分解,所以当对系统的功能需求变化时,并不会引起软件结构的整体变化,往往仅需要作一些局部性的修改。由于现实世界中的实体是相对稳定的,因此以对象为中心构成的软件系统也是比较稳定的。

(4)可重用性好

重用是提高编程效率的一个重要方法。面向对象的软件技术在利用可重用的软件成分构造新的软件系统时,体现出较大的灵活性。面向对象的软件技术所实现的可重用性是自然和准确的,在软件重用技术中它是最成功的一个。

(5)可维护性好

面向对象的软件技术符合人们习惯的思维方式,因此用这种方法所建立的软件系统容易被维护人员理解。每个对象都明确自己具有什么职责,软件哪个地方出现了问题,就只用修改相应对象的代码,而不会担心"牵一发而动全身",提高了软件的可维护性。此外,一个设计良好的面向对象系统是易于扩充和修改的,因此能够适应不断增加的新需求,以上这些都是从长远考虑的软件质量指标。

1.2.3 类和对象

面向对象程序设计从所处理的数据入手,并以数据为中心,把现实世界的问题抽象为"类"的概念。类是对现实世界中一系列具有相同性质的事物的总称,是对具有共同数据和行为的一类事物的抽象描述。其中,共同数据被描述为类中的数据成员,共同行为被描述为类中的方法成员。例如,读者(Reader)是对各种读者(如老师读者、学生读者等)的一个抽象,读者的证号、姓名、年龄等都是读者类的数据成员,而借书和还书等是读者类的方法成员。

面向对象的程序设计方法最基本的思想就是把所有要进行研究的事物,都称为对象。一切皆是对象,任何物理实体、抽象的规则、计划或者事件都可以是对象。例如,一个人、一本书、一张椅子,乃至一首歌曲、一个构想,都可以作为一个对象。对象是类的一个实例。实例化的对象具有唯一性,用以区别同类的其他对象。例如,读者是一个类,具体到某一个读者(如某同学)就是一个对象,并且是唯一的。

1.2.4 面向对象的三大特性

1. 封装

封装是把数据和对数据的操作封藏成一个有机整体,即把字段、属性以及方法、事件等一起封藏在一个公共结构中,创建一种称为类或结构的新"数据类型"。

在面向对象程序设计中,把数据和对数据的操作封装后,就可以为其指定属性和方法来供用户使用。对于外部使用者而言,无须知道对象内部的具体实现细节,而只需要关心如何使用该对象,从而保证了私密的内容不会被用户察觉,不会被外界随意改变,也使对象成了相对独立的功能模块,避免数据被程序直接访问的概念称为"数据隐藏"。

例如,一部手机由屏幕、内部线路、电池等部分组成。在整个"手机"对象里面,手机内部线路对一般的用户是不可见的,因为用户不知道怎样拆装内部线路,也不需要去了解工作原理,但是用户知道怎样将电池安装上去,怎样拨打电话。封装能够让用户更加关注"手机"本身的使用,而不去关注"手机"内部是怎样实现的。

2. 继承

继承是可以让某个类型对象获得另一个类型对象的共有特性的一种手段,是类的层次结构之间共享数据和方法的一种机制。继承可以描述为一种树状的层次关系。例如,

图 1-3 "学生"继承示例图

本科生和专科生都属于大学生,而大学生又属于一种学生类型,如图 1-3 所示。这种分类的原则是,每一个子类都具有父类的公共特性。子类在继承父类成员的同时,也可以定义属于自己的成员内容。

在面向对象中,继承的概念很好地支持了代码的重用性,也就是说,通过继承生成的新类将具有原来那个类的特性,以及它本身一些新的特性。

3. 多态

方法在处理不同对象的时候会得到不同的结果,这个就是类的多态。利用多态,可以在具有继承关系的多个类中,定义名称相同但操作不同的多个方法。在程序运行时,根据对象的实际类型调用相应的方法。例如,所有动物都具有"吃"这个方法,但是在动物的子类中,不同的动物在"吃"的时候,却有各自不同的"吃法",即不同的实现方法。应用多态,可使程序具有良好的可扩充性。

1.3 C#语言的特点

.NET 平台支持多种语言,如 C#(读作 C Sharp)、VB. NET、Visual#C++. NET等。微软公司对 C#的定义是:"C#是一种类型安全的、现代的、简单的,由 C 和 C++衍生出来的面向对象的编程语言,它是牢牢根植于 C 和 C++语言之上的,并可立即被 C 和 C++的使用者所熟悉。C#的目的就是综合 Visual Basic 的高生产率和 C++的行动力。"C#主要具有以下特点:

(1) C#语言拥有 C/C++的强大功能以及 Visual Basic 简易使用的特性,而且看起来与 Java 有着惊人的相似。因集众家之长,使其不仅安全,而且易于掌握和使用。

(2) C#语言不仅有实时的编译器,而且含有比一般语言更丰富的数据类型。无论是从输出格式,还是网络 I/O,都有一整套标准的类和数据类型。

(3) C#语言以提供脚本语言所无法提供的强大功能,使用 C#编写 ASP. NET 应用程序将成为 Web 开发的最佳选择。

(4) C#语言包含的内置特性,使任何组件可以轻松转化为 XML 网络服务,通过 Internet 被任何操作系统上运行的任何程序调用。

(5) C#语言能够消除很多常见的 C++编程错误,如变量由环境自动初始化、变量的类型安全等。

除了这些特点,C♯语言也支持.NET 平台本身具有的垃圾回收、语言自由、跨平台等特性。

1.4 Visual Studio 2008

Visual Studio 2008 是 Visual Studio 的新版本,它是一套用来开发、调试、部署各种应用程序的产品的最重要的开发环境。Visual Studio 2008 引入了 250 多个新特性,整合了对象、关系型数据、XML 的访问方式,语言更加简洁。

Visual Studio 2008 开发环境可以为使用者完成以下工作:

- 对 AJAX 的支持
- 引入了语言集成查询 LINQ
- 开发 Windows 应用程序
- 开发 Web 应用程序
- 对网页 Java script 脚本进行调试
- 开发 Web Services 应用程序
- 调试 WIN API COM 接口

1.4.1 安装 Visual Studio 2008

安装 Visual Studio 2008,首先要注意计算机的配置要求。

(1) 支持的操作系统

- Microsoft Windows XP
- Microsoft Windows Server 2003
- Windows Vista
- Microsoft Windows 7

(2) 硬件要求

- 最低要求:1.6 GHz CPU、384 MB RAM、1 024×768 显示器、5400 RPM 硬盘。
- 建议配置:2.2 GHz 或速度更快的 CPU、1 024 MB 或更大容量的 RAM、1 280×1 024显示器、7200 RPM 或更高转速的硬盘。

需要注意的是,对于硬盘,完全安装的空间要求至少 4G。为了完全支持 Web 应用程序的发布,还要注意必须安装 Internet 信息服务 (IIS)。

Visual Studio 2008 安装文件可以在微软的官方网站上下载。下面以在 Windows XP SP3 系统中安装带有 MSDN 的 Visual Studio 2008 中文版为例,介绍整个安装的过程。启动安装文件中的 Setup. exe 执行程序,如图 1-4 所示。选择"安装 Visual Studio 2008"后,开始加载安装组件,如图 1-5 所示。

等待片刻之后,进入安装程序的起始页,选择"我已阅读并接受许可条款",并输入用户名称,如图 1-6 所示,单击"下一步"。

图 1-4   Visual Studio 2008 安装程序

图 1-5   Visual Studio 2008 安装向导

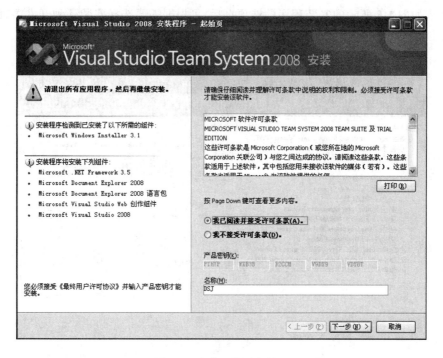

图 1-6　安装程序的起始页

在如图 1-7 所示的安装程序选项页中，"选择要安装的功能"为"自定义"，并选择好"产品安装路径"。建议安装在系统分区，单击"安装"按钮。

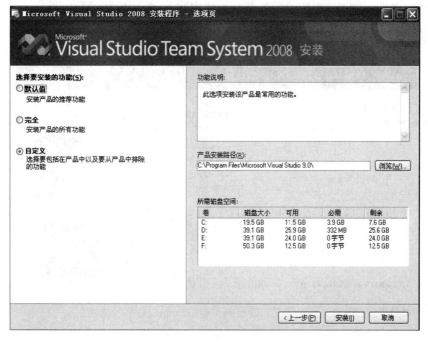

图 1-7　安装程序的选项页 1

进入如图 1-8 所示的安装程序的选项页后,可根据需要选择安装一种开发语言,比如 Visual C♯。此时也可以修改"功能安装路径",单击"安装"按钮。

图 1-8　安装程序的选项页 2

整个流程进入如图 1-9 所示的安装程序的安装页,等待安装最后完成。

图 1-9　安装程序的安装页

安装 Visual Studio 2008 结束后,可根据需要,选择继续"安装产品文档",即 MSDN Library。

1.4.2　介绍 Visual Studio 2008 界面

1. Visual Studio 起始页

第一次运行 Visual Studio 2008 时,要求用户"选择默认环境设置",如图 1-10 所示。这个过程需要经过几分钟的系统配置。

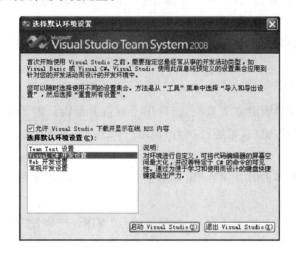

图 1-10　选择默认环境设置

启动 Visual Studio 后,显示如图 1-11 所示的 Microsoft Visual Studio 起始页。此起始页是集成开发环境中默认的 Web 浏览器主页。它是设置首选选项、读取产品新闻和访问其他的在 Visual Studio 环境中启动和运行信息的集中地。

图 1-11　Microsoft Visual Studio 起始页

2. 新建 Visual C♯. NET 项目

在 Visual Studio. NET 集成开发环境中,通过执行"文件"→"新建"→"项目"命令,将会弹出"新建项目"对话框。根据开发的需要,可以选择不同的项目类型、开发语言及模板。

3. "解决方案资源管理器"窗口

"解决方案资源管理器"就是一个容器,用来存放创建应用程序的项目文件和解决方案的内容。一个解决方案通常包含一个或几个相关联的项目。

如果集成环境中没有出现该窗口,可通过执行"视图"→"解决方案资源管理器"命令来显示该窗口。

4. "工具箱"窗口

在设计应用程序界面时,"工具箱"窗口用于提供界面设计时所需的各种控件。如果集成环境中没有出现该窗口,可通过执行"视图"→"工具箱"命令来显示该窗口。

5. "属性"窗口

在设计应用程序界面时,"属性"窗口用于查看设计时的窗体和控件的部分属性选项及其值。

如果集成环境中没有出现该窗口,可通过执行"视图"→"属性"命令来显示该窗口。

1.5 应用程序开发

在 Visual Studio. NET 集成开发环境下,可以开发多种不同类型的应用程序。最常见的有以下几种。

- 控制台应用程序:这类应用程序是运行在 DOS 窗口上的纯文本应用程序。控制台应用程序以流的方式输入和输出数据,一般用于创建 Windows 命令行应用程序。

- Windows 窗体应用程序:这类应用程序就像 Microsoft Office,具有 Windows 外观和操作方式。使用. NET Framework 的 Windows Forms 模块就可以生成这种应用程序。此类程序根据用户的操作进行不同的处理,操作主要体现为鼠标的单击和键盘的输入。Windows 窗体应用程序类型的程序一般需要用户在本机安装,进行的是本机的操作。如果有服务端的程序,则称为客户机/服务器(C/S)程序。

- ASP. NET 网站:Active Server Pages. NET(简称 ASP. NET)就是制作 Web 页面、建网站,可以通过任何 Web 浏览器查看。. NET Framework 包括一个动态生成 Web 内容的强大系统。ASP. NET 网站完全部署在服务器端,用户只需一个标准的浏览器即可使用,因此被称为浏览器/服务器(B/S)程序。

在以后的章节中,主要讲解 C♯语言的语法知识,因此采用控制台应用程序作为示例。

1.5.1 开发和运行控制台应用程序

创建一个控制台应用程序,主要包含以下步骤:

(1) 执行"文件"→"新建"→"项目"菜单命令。

(2) 打开"新建项目"对话框,在"项目类型"列表中选择 Visual C♯ 节点下的 Windows,在"模板"窗格中选择"控制台应用程序"项目模板。如图 1-12 所示,输入项目的名称、位置及解决方案名称后,单击"确定"按钮。

图 1-12 新建控制台应用程序项目

(3) 在打开的 Program.cs 文件中编写代码。例 1-1 是一个控制台应用程序的全部代码。

【例 1-1】 控制台应用程序举例。

```
//1-1.cs
using System;
using System.Collections.Generic;
using System.Linq;
using System.Text;

namespace FirstSample
{
    class Program
    {
        static void Main(string[] args)
```

```
        {
            string name;
            Console.Write("请输入姓名：");  //屏幕提示
            name = Console.ReadLine();      /*输入一行文字,赋值给name变量*/
            Console.WriteLine(name + ",一起学习 C# 吧！");//输出
        }
    }
}
```

（4）运行程序。执行"调试"→"启动调试"菜单命令,编译并运行该程序。在上述程序的运行界面中,根据要求输入数据,按回车键后就得到最终结果了。例如,输入"马小雨"后按回车键,就会输出一行文字："马小雨,一起学习 C# 吧！"?

1.5.2 C#程序的基本结构

下面以例 1-1 为例,介绍 C#程序的基本结构。

1. using

using 关键字的功能是用于导入其他命名空间中定义的类型,包括.NET 类库。例如,代码中使用的 Console.ReadLine 方法实际上是一个简写,其全称是 System.Console.ReadLine,但由于在代码的开始使用 using 指令引入了 System 命名空间,所以后面可以直接使用 Console.ReadLine 来进行输入。

2. namespace

namespace 即"命名空间",也称"名称空间"。命名空间是 Visual Studio.NET 中的各种语言使用的一种代码组织的形式。当编译一个解决方案时,系统会用项目名称做名字,生成一个 namespace,并把类都放在这个 namespace 里面。

3. class

class 是用于定义类的关键字。C#是一种完全面向对象的语言,每一个 C#的程序中至少应包括一个自定义类,如例 1-1 中的 Program 类。class 关键字后面紧跟类名,类名后的左大括号"{"表示类定义的开始;右大括号"}"表示类定义的结束。C#中括号必须成对出现,否则会产生编译错误。

4. Main 方法

C#创建的可执行程序中必须包含一个 Main 方法。该方法是程序的入口点,即程序执行时依次执行 Main 方法中的代码。

5. 代码注释

代码注释的作用是为了提高程序的可读性,使得程序更便于阅读,并且能被其他程序开发人员所理解,便于协作开发。单行注释以"//"开始,例如：

//输入一行文字,赋值给 name 变量

多行注释以"/*"开始,"*/"结束。例如：

/*输入一行文字,赋值给 name 变量*/

1.5.3 控制台输入／输出

1. Console.WriteLine 方法

该方法实现将内容输出到控制台当中。Console.WriteLine 方法后面的括号中包含了输出的内容,这部分输出的内容被称为参数。在例 1-1 的 Console.WriteLine 方法中,参数是一个变量加上一个字符串,该参数的内容是:"name＋,一起学习 C♯吧!"。因此输出的是类似"马小雨,一起学习 C♯吧!"这样的结果。

2. Console.Write 方法

Console.Write 方法的使用同 Console.WriteLine 一样,不同的是,Console.WriteLine 输出后会自动换行,而 Console.Write 输出后不换行。

3. Console.ReadLine 方法

Console.ReadLine 方法的功能是输入一行内容。程序执行到该语句时,光标会停留在控制台中,等待用户的输入。用户输入内容后按回车键,程序将继续执行。

1.6 获取帮助

对于初学者来学,Visual Studio 2008 开发环境及 C♯语言的内容非常复杂。如何有效地获取帮助,是学习好.NET 平台上各种程序开发的关键。下面介绍几种获取各种不同信息的帮助方式。

1. 庞大的"MSDN"

MSDN 的全称是 Microsoft Developer Network。这是微软公司面向软件开发者的一种信息服务。MSDN 实际上是一个以 Visual Studio 和 Windows 平台为核心整合的开发虚拟社区,包括技术文档、在线电子教程、网络虚拟实验室、微软产品下载、Blog、BBS、MSDN WebCast、与 CMP 合作的 MSDN 杂志等一系列服务。

2. 快捷的"智能感知"

在 Visual Studio.NET 软件中,所有的类及其成员都支持"智能感知"。在编程时,只需要输入对象或成员的名称,打上".",就会自动列举出其所有成员或参数格式,也可以通过"Ctrl＋J"快捷键自动列出。

3. 清晰的"对象浏览器"

"对象浏览器"以图标的形式来标识分层结构(如 .NET Framework 和 COM 组件、命名空间、类型库、接口、枚举和类等)。

用户可以展开这些结构以显示其成员的排序列表。如图 1-13 所示,"成员"窗格中列出了属性、方法、事件、变量、常量和包含的其他项。有关"对象"或"成员"窗格中选定项的详细信息显示在"说明"窗口中。

用户可以从"视图"菜单中打开"对象浏览器",也可以单击工具栏上的"对象浏览器"按钮,或者通过"Ctrl＋Alt＋J"快捷键调出。

图 1-13 对象浏览器

习　题

1. .NET 框架包括哪些部分？

2. 简述.NET 程序的编译过程。

3. 简述面向过程与面向对象的区别。

4. 如何查找出 Console.WriteLine 的多种不同写法？

5. 开发控制台应用程序，实现一个欢迎界面的功能。首先程序提示用户输入姓名××
×，然后显示"欢迎×××进入 C♯的世界"。最后显示一段鼓励的话，如"A ZA A ZA
Fighting!"。要求给代码添加适当的注释。

第2章 C♯语言基础

要编写复杂的程序,就会用到各种不同类型的数据、常量、变量,以及由这些数据及运算符组成的各种表达式,这些都是C♯语言的基础。

本章主要介绍C♯语言中的关键字和标识符、编码规则与约定、值类型和引用类型、常用简单类型、常量、变量、结构和枚举、运算符和表达式以及数据类型的转换等。

2.1 关键字、标识符和编码规则

关键字、标识符以及编码规则和约定,是C♯语言中的重要词法基础,也是写好C♯程序、提高程序可阅读性的关键。

2.1.1 关键字

关键字是指编译系统预定义的一些特定英语单词。每个关键字都被编译系统赋予了特定的含义,具有特殊的功能。因此,在编程时,关键字不能另作他用。除非它们有一个@前缀。例如,@if是有效的标识符,但if不是,因为if是关键字。表2-1列出了C♯语言中的全部关键字。

表 2-1　C♯关键字

abstract	event	new	struct
as	explicit	null	switch
base	extern	object	this
bool	false	operator	throw
break	finally	out	true
byte	fixed	override	try
case	float	params	typeof
catch	for	private	uint
char	foreach	protected	ulong
checked	goto	public	unchecked
class	if	readonly	unsafe
const	implicit	ref	ushort
continue	in	return	using

续 表

decimal	int	sbyte	virtual
default	interface	sealed	volatile
delegate	internal	short	void
do	is	sizeof	while
double	lock	stackalloc	
else	long	static	
enum	namespace	string	

关于以上这些关键字的含义和用法,将在后面的有关章节中介绍。

2.1.2 标识符

标识符是指用户在程序设计中给特定内容所起的名字。经常需要用到标识符的有变量、类、对象的命名等。C#标识符的命名规则如下:

(1)只能由大小写字母、数字、下画线(_)和@字符组合而成。

(2)必须以字母或下画线开始。允许将@前缀于关键字用于标识符,即如@class、@bool 等。但是强烈建议不要这样做。

(3)不能与关键字相同。

2.1.3 编码规则与约定

为了提高程序编写的质量,让程序更加易懂、易读,从一开始就必须养成一个良好的习惯。因此遵守 C#语言的编码规则和约定,有利于代码的编写、理解和维护。

1. 编码规则

(1)定义标识符的时候,C#语言区分字母大小写。字母一般采用 ASCII 字符集中的字符。

(2)每条语句以分号作为结束标志。

(3)单行注释以//开头,多行注释一般以/ * 开头,以 * /结束。

(4)标识符一般采用 Pascal 和 Camel 两种命名规则。Pascal 命名规则表明所有英文单词的首字母大写,其他字母小写。例如,MyWorker。Camel 命名规则表明所有的英文单词除第一个单词首字母小写外,其他首字母一律大写。例如,myBookName。

C#中对类名、方法名、属性名、事件名、自定义委托、结构体、自定义枚举等应该采用 Pascal 命名约定,而方法的参数名、私有的成员变量名或字段名都应该采用 Camel 命名约定。

2. 约定

(1)定义标识符的时候,尽量要做到"见名知义",以增加程序的可读性。

(2)注释有助于程序的维护和调试,因此要养成注释的习惯。

2.2 值类型与引用类型的区别

根据数据存储方式的不同,C#类型体系将所有数据类型分为值类型和引用类型两种基本类别,如表 2-2 所示。

表 2-2　值类型与引用类型分类

类别		说明
值类型	简单类型	有符号整型：sbyte，short，int，long
		无符号整型：byte，ushort，uint，ulong
		字符：char
		浮点型：float，double
		高精度小数：decimal
		布尔型：bool
	枚举类型	enum E {...} 形式的用户定义的类型
	结构类型	struct S {...} 形式的用户定义的类型
引用类型	类	所有其他类型的最终基类：object
		class C {...} 形式的用户定义的类型
	接口	interface I {...}形式的用户定义的类型
	字符串	string
	数组	一维和多维数组，例如 int[]和 int[,]
	委托	delegate T D(...) 形式的用户定义的类型

1. 值类型

值类型的数据，在内存中直接存放该数据的值。基于值类型的变量直接包含值，并且将该值存储在栈(stack)中。将一个值类型变量赋给另一个值类型变量时，将直接复制包含的值。

值类型的典型例子包括整型数、实型数、枚举、结构等。

2. 引用类型

基于引用类型的实例(又称对象)，存储在堆(heap)中。堆实际上是计算机系统中的空闲内存。引用类型变量的值存储在栈(stack)中，但存储的不是引用类型对象，而是存储引用类型对象的引用，即地址。和指针所代表的地址不同，引用所代表的地址不能运算，只能引用指定类的对象。引用类型变量的赋值只复制对对象的引用，而不复制对象本身。

引用类型的典型例子包括类、数组、字符串、接口等。引用类型的各个分类将在后面的相关章节再进行介绍。

【例 2-1】 值类型与引用类型举例。

```
//2-1.cs
class TestClass
{
    public int num = 123;
}
class _2_1
{
```

```
static void Main(string[] args)
{
        int i1 = 12;                    //值类型变量 i1,其值 12 存储在栈中
        int i2 = i1;                    //将 i1 的值复制给 i2,i2 为 12,i1 不变
        i2 = 34;                        //i2 为 34,i1 不变
        TestClass t1 = new TestClass();
        //引用类型变量 t1 在栈中存储 TestClass 类对象的引用
        TestClass t2 = t1;
        //将 t1 的引用传递给 t2,t1 和 t2 代表同一个 TestClass 类对象
        t2.num = 456;                   //等价于 t1.num = 456
}
}
```

2.3　值类型分类

C#语言中,值类型可以分为简单类型、枚举类型和结构类型 3 种。

2.3.1　简单类型

简单类型包括整数类型、实数类型、布尔类型和字符类型。C♯中简单类型和 C 语言中的数据类型使用方法基本一致,如表 2-3 所示。

表 2-3　C♯ 简单类型

.NET Framework 类型	关键字	字节数	取值范围
有符号字节型	sbyte	1	−128～127
无符号字节型	byte	1	0～255
字符型	char	2	U+0000～U+ffff
有符号短整型	short	2	−32 768～32 767
无符号短整型	ushort	2	0～65 535
有符号整型	int	4	−2 147 483 648～2 147 483 647
无符号整型	uint	4	0 ～4 294 967 295
有符号长整型	long	8	−9 223 372 036 854 775 808～ 9 223 372 036 854 775 807
无符号长整型	ulong	8	0 ～ 18 446 744 073 709 551 615
单精度浮点型	float	4	±1.5e45～±3.4e38
双精度浮点型	double	8	±5.0e324 ～ ±1.7e308
十进制小数	decimal	8	±1.0×1 028 ～±7.9×1 028
布尔类型	bool	1	true 和 false

2.3.2　枚举类型

枚举(Enumerator)类型是一组已命名的数值常量,用于定义具有一组特定值的数据类型。比如,一周中的 7 天,都是一些固定值,Sunday、Monday、Tuesday…;性别只有两个固定值:男、女,这些数据值都可以用枚举来实现。枚举以 enum 关键字声明。格式是:

```
enum  枚举类型名
{
    枚举成员 1,
    枚举成员 2,
    …
    枚举成员 n
}
```

其中,枚举类型名是一个合法的标识符,枚举成员列举了这种枚举类型的所有取值。例如,要声明一个图书馆读者的枚举类型,它有 3 种取值,可以这样定义:

```
enum EReaderRole
{
    Undergraduate,        //本科生
    Graduate,             //研究生
    Teacher               //教师
}
```

定义枚举类型后,就可以声明这种枚举类型的变量了。例如,声明一个 EReaderRole 类型的变量 readerRole,应该这样写:

```
EReaderRole readerRole;
```

为枚举类型变量赋值时,必须要用成员访问符".",格式是:

$$变量名＝枚举类型名.枚举成员$$

例如:

```
readerRole = EReaderRole.Undergraduate;
```

在没有指定特定的枚举成员类型情况下,一般会默认枚举成员的基础类型为 int。默认状态下,枚举类型中的第一个成员赋值为 0,后续的每个成员的值按 1 递增。但是,也可以在定义枚举类型时,直接给成员赋初值。例如:

```
enum EReaderRole
{
    Undergraduate = 4,        //本科生
    Graduate = 7,             //研究生
    Teacher                   //教师
}
```

此时,枚举的第 1 个成员 Undergraduate 的值就是 4,第 3 个成员 Teacher 的值会递增为 8。

【例 2-2】 枚举的应用。

```
//2-2.cs
public enum EReaderRole
{
    Undergraduate,                          //本科生
    Graduate,                               //研究生
    Teacher                                 //教师
}
class _2_2
{
    static void Main(string[] args)
    {
        EReaderRole readerRole = EReaderRole.Graduate;
        int i = (int) EReaderRole.Graduate;    //将枚举类型转换为 int 型
        System.Console.WriteLine(readerRole);
        System.Console.WriteLine(i);
    }
}
```

程序运行结果如图 2-1 所示。

图 2-1　例 2-2 运行结果

2.3.3　结构类型

在 C#程序设计中,经常需要描述一些有机整体的信息,比如说描述一个读者,需要包含姓名、读者编号、班级、专业等信息。如果用单个变量去分别描述,显然不利于描述和使用。而使用结构或类类型可以很好地解决这一问题。

结构(Structure)类型是一种自定义数据类型。它是对同一类具有某些特定属性和功能的对象的抽象定义,同 C#中的类类型基本相同。两者最大的区别是,类属于引用类型,而结构属于值类型,并且结构无法实现继承。

结构定义的一般格式是:

```
struct 结构类型名
{
    成员定义
}
```

其中,struct 是定义结构类型的关键字,结构类型名是一个合法的标识符,成员定义可以包括字段(即 C# 中的变量)声明等。与 C 语言不同的是,除了一般的字段,C# 还可以在结构的内部定义方法。下面是关于一个读者结构类型的定义,包含有两个字段和一个方法。

```
struct Reader
{
    public string readerID;          //读者证号
    public string readerName;        //读者姓名
    public double GetFine()          //计算罚款金额
    {
    }
}
```

这样就定义了一个 Reader 的结构类型。所有与 Reader 相关联的详细信息都可以作为一个整体进行存储和访问了。

定义好了结构类型,就可以接着声明这种类型的变量。例如:

Reader r1,r2;

这样就声明了两个 Reader 类型的变量 r1 和 r2。当访问这些结构变量中的某个成员的时候,需要用到成员访问符".",一般的格式是:

结构变量名.成员名

例如:

r1. readerID = "20090001";

r1. readerName = "Tony";

r1. GetFine();

在 C# 中,还可以实现整个结构变量的赋值。

【例 2-3】 结构的应用。

```
//2-3.cs
struct Reader
{
    public string readerID;          //读者证号
    public string readerName;        //读者姓名
    public double GetFine()          //计算罚款金额
    {
        return 0;
    }
}
class _2_3
{
    static void Main(string[] args)
```

```
    {
        Reader r1,r2;
        r1.readerID = "20090001";
        r1.readerName = "马小雨";
        double d = r1.GetFine();
        r2 = r1;
        Console.Write("读者证号:{0},姓名:{1},",r2.readerID,r2.reader-
        Name);
        Console.WriteLine("罚款金额为:{0}",gf);
    }
}
```

程序运行结果如图 2-2 所示。

图 2-2　例 2-3 运行结果

在 C#语言中,所有的内置基本数据类型都是.NET 框架中的某一个结构类型或类类型。表 2-4 列出了这种对应的关系。

表 2-4　基本数据类型与对应的.NET 框架中的预定义类型

C# 类型	.NET Framework 类型	C# 类型	.NET Framework 类型
bool	System.Boolean	uint	System.UInt32
byte	System.Byte	long	System.Int64
sbyte	System.SByte	ulong	System.UInt64
char	System.Char	short	System.Int16
decimal	System.Decimal	ushort	System.UInt16
double	System.Double	string	System.String
float	System.Single	object	System.Object
int	System.Int32		

在表 2-4 中,object 和 string 分别对应于.NET 框架中的 System.Object 类和 System.String 类,其他的简单类型则都是对应的结构类型。

C#类型的关键字及其别名可以互换。例如,可使用下列两种声明中的一种来声明一个整数变量:

int x = 123;

System.Int32 x = 123;

每个.NET Framework 结构类型,都对应有相应的字段、方法等成员。要访问这些成员,也必须使用成员访问符"."。

【例 2-4】 使用.NET Framework 结构类型。

```
//2-4.cs
class _2_4
{
    static void Main(string[] args)
    {
        int x = 123；
        System.Int16 y = 123；
        Console.WriteLine("x 的数据类型为:" + x.GetType());
        Console.WriteLine("y 的数据类型为:" + y.GetType());
        Console.WriteLine("32 位有符号整数的最大值为:" + Int32.MaxValue);
        Console.WriteLine("32 位有符号整数的最小值为:" + Int32.MinValue);
        Console.WriteLine("16 位无符号整数的最大值为:" + UInt16.MaxValue);
        Console.WriteLine("16 位无符号整数的最小值为:" + UInt16.MinValue);
    }
}
```

程序运行结果如图 2-3 所示。

图 2-3　例 2-4 运行结果

2.4　变　量

变量是用于保存数据的存储单元。在 C# 中,变量是使用特定数据类型和变量名来声明的。数据类型可决定变量在内存中占用空间的大小。变量名是一个合法的标识符。变量声明的一般格式是:

　　　　　　［访问修饰符］数据类型 变量名 1,变量名 2,…,变量名 n；

例如:

```
int i；               //声明 1 个 int 类型变量 i,占用 4 个字节的内存单元
double d1,d2；        //声明 2 个 double 类型变量 d1 和 d2,各占用 4 个字节的内存
char c = ´Y´,d = ´z´； //声明 2 个 char 类型变量并分别进行初始化
bool flag = true；     //声明 1 个 bool 类型变量并进行初始化
```

变量存储的值可能会发生更改,但名称保持不变。下面的代码提供了一个简单示例,演示如何声明一个整数变量,并为它赋值,然后再为它赋一个新值。

```
int x = 1;              // x 赋值为 1
x = 2;                  // x 重新赋值为 2
```

2.5 常 量

常量是指在程序编译时就已经存在并且会保持不变的值。类和结构可以将常数声明为成员。常数被声明为字段,必须在字段的类型前面使用 const 关键字。

常数必须在声明时初始化。C♯中常量的定义语法格式是:

[访问修饰符] const 数据类型 常量名称 = 常量值;

例如:

```
class Days
{
    const int days = 365;
}
```

在此例中,常数 days 将始终为 365,不能更改,即使是该类自身也不能更改它。

【例 2-5】 常量应用示例。

```
//2-5.cs
class _2_5
{
    static void Main(string[] args)
    {
        // 圆周率 PI,常量
        const float pi = 3.14F;
        // 球体的半径(单位 m),变量
        double r = 1;
        // 球体积的计算公式
        double v = 4 /3 * pi * r * r * r;
        Console.WriteLine("球体的体积为 {0:F4} 平方米",v);
    }
}
```

程序运行结果如图 2-4 所示。

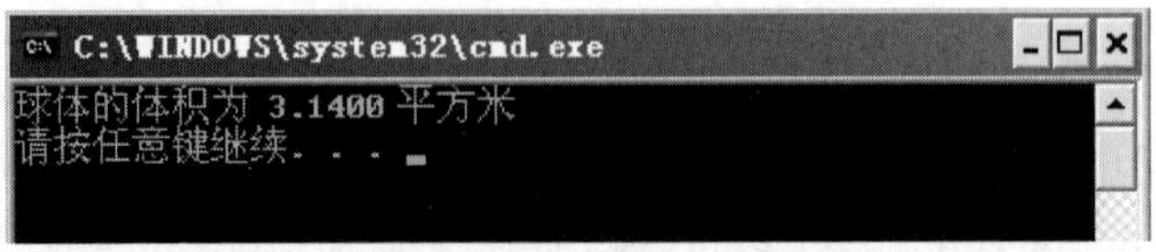

图 2-4 例 2-5 运行结果

2.6 运算符与表达式

C#提供大量运算符,这些运算符是指定在表达式中执行哪些操作的符号,如表 2-5 所示。接收一个操作数的运算符被称作一元运算符,例如增量运算符(++)。接收两个操作数的运算符被称作二元运算符,例如算术运算符+、-、*、/。接收三个操作数的运算符被称作条件运算符,条件运算符是 C#中唯一的三元运算符,如表 2-5 所示。

表 2-5 C#语言中常用的一些运算符

优先级	操作符	类别说明	结合性
1	()、[]、++、--、.、new、typeof、checked、unchecked	基本	自右向左
2	++、--、+、-、!、~、()	单目	自左向右
3	*、/、%	乘除	自左向右
4	+、-	加减	自左向右
5	<<,>>	移位	自左向右
6	<、>、<=、>=、is、as	比较	自左向右
7	==、!=	相等	自左向右
8	&	位与	自左向右
9	^	位异或	自左向右
10	|	位或	自左向右
11	&&	逻辑与	自左向右
12	||	逻辑或	自左向右
13	?:	条件	自右向左
14	=、+=、-=、*=、/=、%=、&=、|=、^=、<<=、>>=	赋值	自右向左

表达式是由运算符和操作数按特定规律组合而成的序列。操作数可以是任何大小的数值,也可以是由任何数量的其他操作组成的有效表达式。

当整个表达式包含多个运算符时,利用运算符的优先级来控制各运算符的计算顺序。当操作数出现在具有相同优先级的两个运算符之间时,利用运算符的结合性来控制运算符的执行顺序。

例如:

-a * b/c++ 等价于(-a) * b/(c++)

x=y=z 等价于 x=(y=z)

下面将按照运算符的功能划分,着重介绍几种在 C#程序中使用最为频繁的运算符。

2.6.1 赋值和相等运算符

在 C#语言中,赋值运算符(=)具有与在 C 和 C++中相同的功能,即将一个数据赋值给一个变量。

赋值运算符的格式是:

变量=表达式;

运算将右操作数的值赋予左操作数指定的变量、属性或索引器元素。赋值表达式的结果是赋予左操作数的值,结果的类型与左操作数相同。

等号运算符(==)的作用是相等测试。如果运算符两边的操作数的值相等,则相等运算符(==)返回 true,否则返回 false。相反,不等号运算符(!=)的作用是不相等测试。例如:

```
int x = 100;            // x 赋值为 100
if (x == 100)           // 判断 x 是否等于 100
{
    System.Console.WriteLine("X is equal to 100");
}
```

2.6.2 算术运算符

算术运算符是在程序设计中最基础的运算符种类。其中,+(加法)、-(减法)、*(乘法)、/(除法)、%(取余)都属于二元运算符,而+(正号)、-(负号)属于一元运算符。其运算规则及使用方法如表 2-6 所示,使用括号可强制改变运算顺序。

表 2-6 算术运算符

运算符	说　明	表达式
+	执行加法运算(如果两个操作数是字符串,则该运算符用作字符串连接运算符,将一个字符串添加到另一个字符串的末尾)	操作数 1+操作数 2
-	执行减法运算	操作数 1-操作数 2
*	执行乘法运算	操作数 1 * 操作数 2
/	执行除法运算	操作数 1 / 操作数 2
%	获得进行除法运算后的余数	操作数 1 % 操作数 2
+	正号	+操作数(一般省略)
-	负号	-操作数

例如:

```
int x = 9,y = 4;
int a,b,c;
double d;
a = x + y * 100;        // a = 409
//乘号优先级高于加号
b = x / y;              // b = 2
//当两个操作数都是整型时,其运算结果取所得商的整数部分
c = - x % ( - y);       // c = -1
//运算结果的符号与取余运算符左边数值的符号相同
d = 9.3 % 4;            // d = 1.3
//C#语言中,取余的操作数可以是小数
```

2.6.3 自增和自减运算符

自增（＋＋）和自减（－－）运算符都是一元运算符,分为前缀和后缀两种形式,其结果都使得操作数的值增1或减1。但是,表达式运算后的值却不同。前缀形式是先执行操作数自加（或自减）运算,然后将操作数的值作为表达式的结果;后缀形式是先取操作数的值作为表达式的结果,然后再执行操作数自加（或自减）运算。表 2-7 中列举了各种常用方法的示例。

表 2-7 自加、自减运算符应用示例

表达式	类型	计算方法	结果（假定 i 的值为 9）
j＝＋＋i;	前置自加	i＝i＋1;	j＝10;
		j＝i;	i＝10;
j＝i＋＋;	后置自加	j＝i;	j＝9;
		i＝i＋1;	i＝10;
j＝－－i;	前置自减	i＝i－1;	j＝8;
		j＝i;	i＝8;
j＝i－－;	后置自减	j＝i;	j＝9;
		i＝i－1;	i＝8;

2.6.4 关系运算符

在 C♯语言中,关系运算符有 6 种:＜（小于）、＞（大于）、＜＝（小于或等于）、＞＝（大于或等于）、＝＝（等于）、!＝（不等于）。关系运算符都是二元运算符,用于比较两个操作数之间的大小关系,其运算结果为一个 bool 值。当运算符左右的操作数满足运算符的关系时,结果为 true,否则为 flase。其运算规则及使用方法如表 2-8 所示。

表 2-8 关系运算符

运算符	说　明	表达式
＞	检查一个数是否大于另一个数	操作数 1＞操作数 2
＜	检查一个数是否小于另一个数	操作数 1＜操作数 2
＞＝	检查一个数是否大于或等于另一个数	操作数 1＞＝操作数 2
＜＝	检查一个数是否小于或等于另一个数	操作数 1＜＝操作数 2
＝＝	检查两个值是否相等	操作数 1＝＝操作数 2
!＝	检查两个值是否不相等	操作数 1!＝操作数 2

例如:

```
int x = 9,y = 4 ;
bool a,b ;
a = x ＞ = y ;        // a = true
b = x = = y ;        // b = false
```

2.6.5 逻辑运算符

在 C♯ 语言中,逻辑运算符用于描述操作数的逻辑关系,其运算结果为一个 bool 值。逻辑操作符"!"(逻辑非)和"＾"(逻辑异或)只作用于其后的操作数,故称为一元操作符。而"＆＆"(条件与)、"||"(条件或)、"＆"(逻辑与)和"|"(逻辑或)为二元操作符。运算符的运算规则如表 2-9 所示,其中 T 表示逻辑值 true,F 表示逻辑值 false。

表 2-9　逻辑运算真值表

p	q	p＆＆q	p‖q	p＆q	p｜q	p＾q	! p
F	F	F	F	F	F	F	T
T	F	F	T	F	T	T	F
F	T	F	T	F	T	T	T
T	T	T	T	T	T	F	F

例如:

```
int x = 9,y = 4;
bool a,b,c,d;
a = (x ＞ = y) && (x = = y);        // a = false
b = (x ＞ = y) || (x = = y);        // b = true
c = (x ＞ = y) ＾ (x = = y);         // c = true
d = ! (x ＞ = y);                   // d = false
```

2.6.6 复合赋值运算符

除了基本的赋值运算符(＝)外,C♯ 语言中还提供了另外 10 种复合赋值运算符,分别为＋＝、－＝、＊＝、/＝、%＝、＞＞＝、＜＜＝、＆＝、||＝、＾＝。这些复合赋值运算符的通用表达式格式为:

変量　复合赋值运算符　表达式

其计算方法可以分解为:

変量＝変量　简单运算符　表达式

其中的简单运算符是将复合赋值运算符去掉"＝"后的运算符号。

例如:

```
int X = 5 ;
X += 5 ;          // 相当于 X = X + 5,运算后 X 为 10
X -= 5 ;          // 相当于 X = X - 5,运算后 X 为 5
X * = 5 ;         // 相当于 X = X * 5,运算后 X 为 25
X / = 5 ;         // 相当于 X = X / 5,运算后 X 为 5
```

2.6.7 条件运算符

条件运算符"?:"是 C♯ 语言中唯一的一个三元运算符。条件运算符的格式如下:

表达式 1 ? 表达式 2 : 表达式 3;

其功能是根据表达式 1 的值返回后面两个表达式值中的一个。运算规则是：如果表达式 1 值为 true，则计算表达式 2 并以它的计算结果作为整个表达式的值；如果为 false，则计算表达式 3 并以它的计算结果作为整个表达式的值。例如，求两个数 x 和 y 中的较大值，可以写成 x＞＝y ? x:y。

2.7　数据类型转换

每个值都有与之关联的类型，此类型决定了分配给该值的空间大小、取值范围以及可用的成员等属性。许多值可以表示为多种类型。例如，值 123 可以表示为长整型、基本整型，也可以表示为浮点型。

公共语言运行库支持扩大转换和收缩转换。例如，表示为 32 位带符号整数的值可转换为 64 位的带符号整数，这就是扩大转换。相反地，从 64 位转换为 32 位，就是收缩转换。执行扩大转换时，信息不会丢失，但可能会降低精度；而在收缩转换过程中，则会丢失信息。

在本节中，仅仅研究值类型中简单类型数值的互相转换，包括隐式类型转换和显式类型转换两种。

2.7.1　隐式转换

在扩大转换的情况下是 C♯隐式转换。隐式转换一般是低类型向高类型转化，能够保证值不发生变化，并且这种转换是无条件的。隐式转换的一般规则是：

（1）sbyte、byte、char、short 和 ushort 类型的变量，在进行算术运算时，变量值会隐式转换为 int 类型。

（2）char 类型数值可以转换为各种整型或实型数，但不存在其他类型向 char 类型的隐式转换。

（3）对于赋值运算、算术运算、关系运算和位运算，要求运算符的两个操作数类型相同。如果不同，则按照表 2-10 中的原则进行自动转换。

表 2-10　隐式转换规则

原始类型	可隐式转换的目标类型
sbyte	short、int、long、float、double 或 decimal
byte	short、ushort、int、uint、long、ulong、float double 或 decimal
char	ushort、int、uint、long、ulong、float、double 或 decimal
short	int、long、float、double 或 decimal
ushort	int、uint、long、ulong、float、double 或 decimal
int	long、float、double 或 decimal
uint	long、ulong、float、double 或 decimal
long	float、double 或 decimal
ulong	float、double 或 decimal
float	double

（4）浮点型不能隐式地转化为 decimal 型。

【例 2-6】 隐式转换。

```
//2-6.cs
class _2_6
{
    static void Main(string[] args)
    {
        byte x = 16；
        Console.WriteLine("x = {0}",x);
        ushort y = x；
        Console.WriteLine("y = {0}",y);
        y = 65535；
        Console.WriteLine("y = {0}",y);
        float z = y；
        Console.WriteLine("z = {0}",z);
    }
}
```

程序运行结果如图 2-5 所示。

图 2-5　例 2-6 运行结果

2.7.2　显式转换

1. 强制转换

在 C 和 C# 等一些语言中，可以使用强制转换执行显式转换。使用要执行的转换类型的数据类型作为转换的前缀时，发生强制转换。

例如：

```
int x；
double y；
y = 5.67；
x = (int) y；
```

注意，当目标类型的最大值小于所转换类型的值的时候，尽量不要进行转换。

2. System.Convert 类

System.Convert 类为支持的转换提供了一整套方法。该类提供的方法可以完成收缩转换以及不相关数据类型的转换。例如,支持从 String 类型转换为数字类型、从 Date-Time 类型转换为 String 类型以及从 String 类型转换为 Boolean 类型。有关可用转换的列表,可以查看 Convert 类中的方法列表。

【例 2-7】 Convert 类中的若干转换方法。

```
//2-7.cs
class _2_7
{
    static void Main(string[] args)
    {
        DateTime dt = DateTime.Now;
        string strNow = Convert.ToString(dt);    //从 DateTime 类型转换为
                                                  string 类型
        Console.WriteLine("现在时间为:" + strNow);
        string strYear = strNow.Substring(0,4);   //取出字符串的前 4 位字符
        int year = Convert.ToInt32(strYear);      //从 string 转换为数字类型
        Console.WriteLine("今年年份为:" + year);
    }
}
```

程序运行结果如图 2-6 所示。

图 2-6　例 2-7 运行结果

3. 目标类型的 Parse 方法

通过目标类型的成员方法 Parse(string)或该方法的重载形式,也可以实现类型的显式转换。不同目标数据类型的 Parse 方法,也有多种不同的语法形式。

【例 2-8】 Parse 方法实现类型转换。

```
//2-8.cs
class _2_8
{
    static void Main(string[] args)
    {
        Console.Write("请输入数值一:");
        string x = Console.ReadLine();
        int Value1 = int.Parse(x);
```

```
        Console.Write("请输入数值二:");
        string y = Console.ReadLine();
        short Value2 = short.Parse(y);
        int minus = Value1 - Value2;
        Console.WriteLine("{0} - {1} = {2}",Value1,Value2,minus);
    }
}
```

程序运行结果如图 2-7 所示。

图 2-7　例 2-8 运行结果

2.8　装箱与拆箱

装箱就是将值类型转换为引用类型的过程,并从栈中搬到堆中。

例如:

int val = 100;

object obj = val;

Console.WriteLine ("对象的值 = {0}",obj);

装箱转换可以隐式进行,转换时,系统会首先在堆中分配一个对象内存,然后将值类型的值复制到该对象中。

拆箱是将引用类型转换为值类型。拆箱必须显式进行,首先检查对象实例,确保它是给定值类型的一个装箱值,然后再将该值从实例复制到值类型变量中。

例如:

int val = 100;

object obj = val;

int num = (int) obj;

Console.WriteLine ("num: {0}",num);

需要注意的是,被装过箱的对象才能被拆箱。

习　题

1. 简述值类型与引用类型的区别,并分别举例。

2. 已知两个矩形的长和宽,编程求它们的面积和周长。假设,矩形 1 的长和宽分别为 50 和 20;矩形 2 的长和宽分别为 5.6 和 4.5。长、宽由键盘输入。结果由控制台输出。

3. 开发控制台应用程序,要求输入半径,输入完成后程序将计算出圆的周长和面积,并输出到屏幕上。

4. 编写一个控制台应用程序,将用户输入的以秒为单位计算的时间长度拆分为以时、分、秒计量,并输出。

5. 写出一个控制台应用程序,实现一个 string 类型变量转换为一个 int 类型变量的多种方法。

6. 简述装箱与拆箱的含义。

第3章 C♯控制语句

无论多复杂的程序,也都是由一条条的语句构成的。C♯提供了各种形式的语句,包括空语句、表达式语句、复合语句、控制语句、异常处理语句等。

本章主要介绍C♯语言中常用的控制语句,包括选择语句、循环语句和跳转语句等。

3.1 选择语句

根据给定表达式的结果,决定执行哪些语句,不执行哪些语句,这就是选择结构。C♯语言中,选择语句有 if 语句及 switch 语句。

3.1.1 if 语句

if 语句有很多种不同的写法,包括与 else 的搭配。各种不同的写法,对应了不同的分支情况:单分支、双分支和多分支。

1. 单分支 if 语句

if 语句的一般格式是:

if(表达式)

    语句块

其中,表达式为判断语句块是否执行的条件,一般为关系表达式或者逻辑表达式,也可以是一个运算结果,但是该表达式的结果必须为 bool 类型。语句块可以是单个语句或复合语句。该语句的执行流程如图 3-1 所示。

整个 if 语句的功能是:若表达式的值为真(true),则执行语句块;若表达式的值为假(false),则不执行语句块,转去执行 if 语句的后续语句。

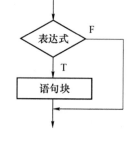

图 3-1 单分支 if 语句执行流程

【**例 3-1**】 比较两个数 x 和 y 的大小,使得 $x>y$。

```
//3-1.cs
class _3_1
{
    static void Main(string[] args)
    {
        Console.Write("请输入整型数 X 的值:");
```

```
int x = Convert .ToInt32 (Console.ReadLine());
Console.Write("请输入整型数 Y 的值:");
int y = Convert .ToInt32 (Console.ReadLine());
if (x<y)
{
    int t = x;
    x = y;
    y = t;
}
Console.WriteLine("X = {0},Y = {1}", x, y);
    }
}
```

例 3-1 的运行结果如图 3-2 所示。

图 3-2　例 3-1 运行结果

当例 3-1 运行时,如果输入的 x 值小于 y 值(即 $x<y$),则执行大括号中的语句块。如果输入的 x 值大于或等于 y 值(即 $x \geqslant y$),则直接执行最后的输出语句。

2. 双分支 if-else 语句

if-else 语句的一般格式是:

if(表达式)

　　语句块 1

else

　　语句块 2

该语句的执行流程如图 3-3 所示。

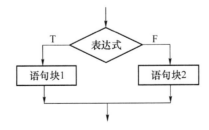

图 3-3　双分支 if-else 语句执行流程

整个 if-else 语句的功能是:若表达式的值为真(true),则执行语句块 1;若表达式的值为假(false),则执行语句块 2。

【例 3-2】 比较两个数 x 和 y 的大小,输出较大的数。

```
//3-2.cs
class _3_2
{
    static void Main(string[] args)
    {
        Console.Write("请输入整型数 X 的值:");
        int x = Convert.ToInt32(Console.ReadLine());
        Console.Write("请输入整型数 Y 的值:");
        int y = Convert.ToInt32(Console.ReadLine());
        if (x >= y)
            Console.WriteLine("较大的数是 X = " + x);
        else
            Console.WriteLine("较大的数是 Y = " + y);
    }
}
```

例 3-2 的运行结果如图 3-4 所示。

图 3-4　例 3-2 运行结果

当例 3-2 运行时,如果输入的 x 值大于或等于 y 值(即 $x \geqslant y$),则执行 if 分支中的语句块。如果输入的 x 值小于 y 值(即 $x < y$),则执行 else 分支中的语句块。

3. if 语句的嵌套形式

if 语句可以实现嵌套,即 if 或 if-else 的子句可以是另外的 if 或 if-else 语句。通常用嵌套的 if 语句解决多分支的问题。例如:

```
if (表达式 1)
    语句块 1;
else if (表达式 2)
        语句块 2;
    else
        ...
        else if (表达式 n)
                语句块 n;
            else
                语句块 n + 1;
```

该语句结构的执行流程如图 3-5 所示。

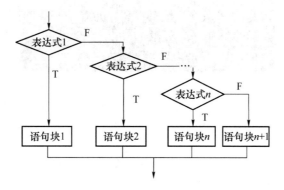

图 3-5 嵌套的 if 语句执行流程

【**例 3-3**】 比较三个数 x、y、z 的大小,输出其中最大的值。

```
//3-3.cs
class _3_3
{
    static void Main(string[] args)
    {
        Console.Write("请输入整型数 X 的值:");
        int x = Convert.ToInt32(Console.ReadLine());
        Console.Write("请输入整型数 Y 的值:");
        int y = Convert.ToInt32(Console.ReadLine());
        Console.Write("请输入整型数 Z 的值:");
        int z = Convert.ToInt32(Console.ReadLine());
        if (x >= y)
            if (x >= z)
                Console.WriteLine("较大的数是 X = " + x);
            else
                Console.WriteLine("较大的数是 Z = " + z);
        else
            if (y >= z)
                Console.WriteLine("较大的数是 Y = " + y);
            else
                Console.WriteLine("较大的数是 Z = " + z);
    }
}
```

例 3-3 的运行结果如图 3-6 所示。

在不同的应用实例中,if 语句的嵌套形式也各不相同。需要注意的是,无论在哪种嵌套的 if 语句中,每个 else 子句总是和离它最近的、尚未配对的那个 if 子句配对。

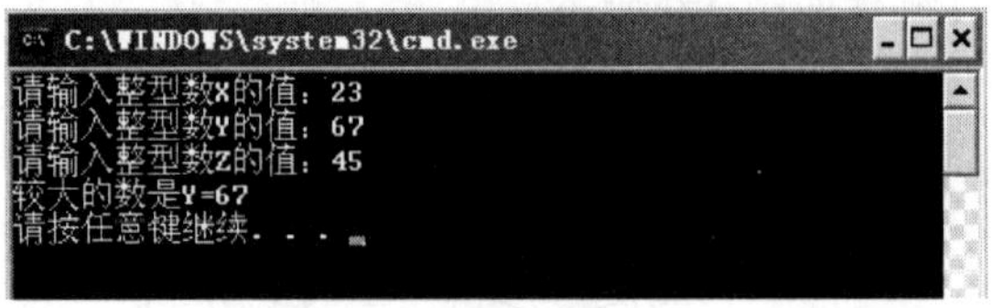

图 3-6　例 3-3 运行结果

3.1.2　switch 语句

用嵌套的 if 语句可以解决多分支选择的问题,但是有时候显得不太方便。在 C#中,提供了 switch 语句来简化这一过程。

switch 语句又称为开关语句,其一般格式是:

```
switch(表达式)
{
    case 常量表达式 1:子句 1;[break;]
    case 常量表达式 2:子句 2;[break;]
    ...
    case 常量表达式 n:子句 n;[break;]
    [default:子句 n+1;]
}
```

其中,switch 后的表达式称为选择控制表达式,它可以为任意类型的表达式,但是其值一般为整型、字符型、字符串型或枚举型。常量表达式的值应该与 switch 后的表达式值的类型相同。子句是对应分支的执行语句,可以是一个语句或语句系列。break 语句是一个可缺省选项,表示跳出当前所在的 case 分支。default 选项也是可默认的,习惯上放在最后面。

整个 switch 语句的功能是:先计算 switch 后的表达式的值,再将得到的结果按照先后顺序,与 case 后的常量表达式的值进行比较。如果相等,则从该分支处的子句开始往后顺序执行。如果没有找到相等的常量表达式,则转去执行 default 后面的子句。当然,如果没有相等的常量表达式又无 default 项,则不执行任何子句,结束 switch 语句。

使用 switch 语句时,需要注意以下几点:

(1) case 后的常量表达式的值不允许相同。

(2) case 子句如果是多条语句,可以不用括号括起来形成复合语句。

(3) 在 C#语言中,控制不能从一个 case 标签贯穿到另一个 case 标签。因此,在每个已存在的 case 子句中,都需要加上跳转语句。最常见的就是 break 语句。

【例 3-4】　根据输入的年份和月份,判断该月有多少天。

```
//3-4.cs
class _3_4
{
    static void Main(string[] args)
```

```
{
    Console.Write("请输入年份:");
    int year = Convert.ToInt32(Console.ReadLine());
    Console.Write("请输入月份:");
    int month = Convert.ToInt32(Console.ReadLine());
    switch (month)
    {
        case 1:
        case 3:case 5:
        case 7:case 8:case 10:
        case 12: Console.WriteLine(year + "年" + month + "月有 31 天");
        break;
        case 4:
        case 6:case 9:
        case 11: Console.WriteLine(year + "年" + month + "月有 30 天"); break;
        case 2:
            if ((year % 4 == 0 && year % 100 != 0) || (year % 400 == 0))
                Console.WriteLine(year + "年" + month + "月有 29 天");
            else
                Console.WriteLine(year + "年" + month + "月有 28 天");
            break;
    }
}
```

例 3-4 的运行结果如图 3-7 所示。

图 3-7　例 3-4 运行结果

需要注意的是,在例 3-4 中,有的 case 分支执行语句后面有一个 break 语句,有的则没有。break 语句使得程序从当前的子句中跳出来,转去执行 switch 语句后面的语句。

3.2　循 环 语 句

在程序设计中,经常会遇到在某些特定条件下,需要重复执行一些代码这样的问题,这就需要用循环来解决了。在 C♯语言中,常用的循环语句有 while 语句、do-while 语句、for 语句及 foreach 语句。

3.2.1 while 语句

while 语句的一般格式是：

while(表达式)
　　语句块

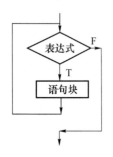

其中，表达式为判断循环体是否执行的条件，一般为关系表达式或者逻辑表达式，也可以是一个运算结果，但是该表达式的结果必须为 bool 类型。语句块可以是单个语句或复合语句。while 语句的执行流程如图 3-8 所示。

整个 while 语句的功能是：先判断表达式的值，当表达式的值为真（true）时，则执行循环体；当表达式的值为假（false）时，则退出循环。

需要注意的是，语句块中，一般要有使循环控制变量变化的语句，否则程序就会陷入死循环。

图 3-8　while 语句执行流程

【例 3-5】　利用 while 语句，将输入的一个正整数反向显示。

```
//3-5.cs
class _3_5
{
    static void Main(string[] args)
    {
        Console.Write("请输入一个正整数：");
        int num = int.Parse(Console.ReadLine());
        int digit;
        while (num != 0)
        {
            digit = num % 10;
            Console.Write(digit);
            num /= 10;
        }
        Console.WriteLine();
    }
}
```

例 3-5 的运行结果如图 3-9 所示。

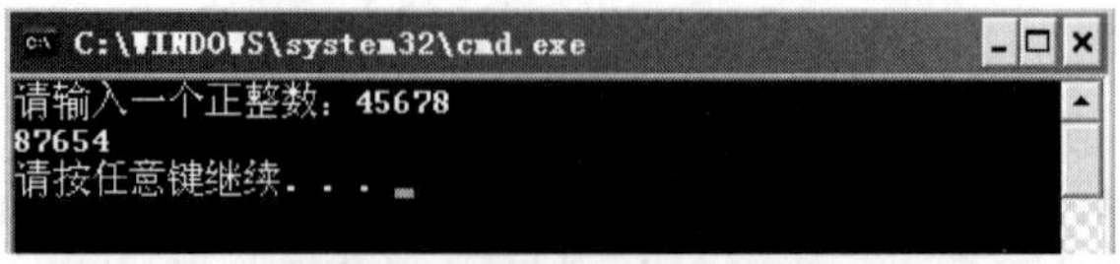

```
C:\WINDOWS\system32\cmd.exe                    _ □ ×
请输入一个正整数：45678
87654
请按任意键继续. . .
```

图 3-9　例 3-5 运行结果

在例 3-5 中,需要注意的是,循环的条件是 num !=0。也就是说,当 num==0 的时候,才会退出该循环结构。

3.2.2　do-while 语句

do-while 语句的一般格式是:

do

　　语句块

while(表达式);

与 while 语句不同的是,表达式后面的分号是不可缺少的。do-while 语句的执行流程如图 3-10 所示。

整个 do-while 语句与 while 语句的功能差别在于:do-while 语句首先执行循环体语句,然后再判断表达式的值。当表达式的值为真(true)时,则继续执行循环体,直到表达式的值为假(false)时,则退出循环。因此,do-while 语句中的循环体至少执行一次。

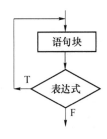

图 3-10　do-while 语句执行流程

【例 3-6】　根据公式 $e=1/1! +1/2! +1/3! +\cdots$, 求 e 的近似值,要求精确到 10^{-5}。

```
//3-6.cs
class _3_6
{
    static void Main(string[] args)
    {
        double e = 1;
        double jc = 1;
        int i = 1;
        do
        {
            e = e + 1/jc;
            i++;
            jc = jc * i;
        } while (1 / jc >= 1e - 5);
        Console.WriteLine("e = {0}", e);
    }
}
```

例 3-6 的运行结果如图 3-11 所示。

```
C:\WINDOWS\system32\cmd.exe
e=2.71827876984127
请按任意键继续. . . .
```

图 3-11　例 3-6 运行结果

3.2.3 for 语句

for 语句是使用最多、最为灵活的循环语句。所有编程中的循环问题，都可以使用 for 语句来解决。

for 语句的一般格式是：

for(表达式 1;表达式 2;表达式 3)

　　循环体语句

根据其使用情况，for 语句中的三个表达式一般为

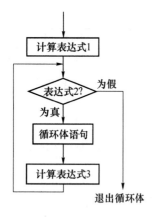

（1）表达式 1：循环变量赋初值，一般为赋值表达式。

（2）表达式 2：循环条件，一般为关系表达式或者逻辑表达式。

（3）表达式 3：循环变量值的调整，一般为算术运算表达式。

for 语句的执行流程如图 3-12 所示。

整个 for 语句的功能是：先执行表达式 1，然后判断表达式 2 的值，当其值为真（true）时，则执行循环体子句；再执行表达式 3，接着再判断表达式 2 的值。根据表达式 2 的值决定是否继续执行循环。当某一次表达式 2 的值为假（false）时，则退出循环。

图 3-12　for 语句执行流程

使用 for 语句需要注意的是：

（1）根据 for 语句三个表达式的执行次数和执行流程，三个表达式都可以调整到其他位置，但是不能省略，写法可以非常的灵活。

（2）如果需要在表达式 1 中声明多个变量时，这些变量的数据类型必须相同。例如：

for (int i = 0, j = 10; i <= 5; i++, j--)　　//i,j 必须类型相同

【例 3-7】　利用 for 语句判断一个正整数 m 是否为素数。

```
//3-7.cs
class _3_7
{
    static void Main(string[] args)
    {
        int i;
        Console.Write("请输入一个不小于 2 的正整数:");
        int m = Convert.ToInt32(Console.ReadLine());
        for (i = 2; i<m; i++)
        {
            if (m % i == 0)
            {
                Console.WriteLine("{0} 不是一个素数", m);
                break;
```

```
            }
        }
        if ( i == m )
            Console.WriteLine("{0} 是一个素数", m);
        }
    }
```

例 3-7 的运行结果如图 3-13 所示。

图 3-13   例 3-7 运行结果

3.2.4   循环的嵌套

在一个循环体内,完整地包含另一个循环结构,这就是循环的嵌套。前面介绍的 3 种循环语句 while、do-while、for 都可以互相实现嵌套。需要注意的是,各个循环都必须完整,相互之间绝不允许有交叉。另外,还应分清循环层次,避免出现死循环。

【例 3-8】   输出一个三角形星号图形。

```
//3-8.cs
class _3_8
{
    static void Main(string[] args)
    {
        Console.Write("请输入行数:");
        int lines = int.Parse(Console.ReadLine());
        for(int i = 1; i< = lines ; i++ )
        {
            for ( int k = 1; k < = lines - i; k ++ ) //第 i 行上输出 lines-i 个空格
                Console.Write(" ");
            for ( int j = 1; j < = 2 * i - 1; j++ )//第 i 行上输出 2*i-1 个星号
                Console.Write(" * ");
            Console.WriteLine("");
        }
    }
}
```

例 3-8 的运行结果如图 3-14 所示。

一个循环外面仅包围一层循环叫二重循环。例 3-8 就是一个二重循环的例子。

图 3-14　例 3-8 运行结果

3.3　跳　转　语　句

在 C♯语言中,可以实现程序跳转功能的语句有很多,包括 break 语句、continue 语句、goto 语句、return 语句和 throw 语句。下面介绍其中的 4 种。

3.3.1　break 语句

break 语句的一般式是:

break;

在前面讲解的 switch 语句中,已经介绍过 break 语句了。它可以使程序流程退出它所在的 switch 语句。除此之外,break 语句还可以用在循环语句中,用于退出它所在的当前循环。

【例 3-9】　求两个正整数的最大公约数。

```
//3-9.cs
class _3_9
{
    static void Main(string[] args)
    {
        Console.Write("请输入第 1 个正整数:");
        int a = Convert.ToInt32(Console.ReadLine());
        Console.Write("请输入第 2 个正整数:");
        int b = Convert.ToInt32(Console.ReadLine());
        int p = a<b ? a : b;
        while (p> = 1)
        {
            if ((a % p == 0) && (b % p == 0))
            {
                Console.WriteLine("最大公约数为:" + p);
                break;
            }
            p--;
        }
    }
}
```

例 3-9 的运行结果如图 3-15 所示。

图 3-15　例 3-9 运行结果

3.3.2　continue 语句

continue 语句的一般格式是：

continue;

continue 语句一般用在循环语句的循环体中,它的作用是使程序流程提前结束本次循环,直接进入下一次循环的执行。

【**例 3-10**】　编写程序,输入若干学生某门课程的考试分数(以 0 作为结束),并统计出该课程的及格率。

```
//3-10.cs
class _3_10
{
    static void Main(string[] args)
    {
        int score, num = 0, pass = 0;
        Console.WriteLine ("请输入学生分数(以 0 作为结束):");
        do
        {
            score = Convert.ToInt32(Console.ReadLine());
            num ++ ;                //记录总人数
            if (score < 60)
                continue;
            pass ++ ;               //记录及格的人数
        } while (score! = 0 );
        Console.WriteLine("及格率为:{0} %", 100 * pass / (num-1));
    }
}
```

例 3-10 的运行结果如图 3-16 所示。

图 3-16　例 3-10 运行结果

在例 3-10 中,当 score<60 成立时,程序会跳过 pass++;语句,也就是不记录这个人数,由此来实现及格人数的计算。

3.3.3　return 语句

在 C♯ 中,return 语句主要用于结束方法的执行,并且可以将需要的结果返回。例如下面的代码段:

```csharp
static void Main(string[] args)
{
    for (int i = 1; i<= 100; i++)
    {
        Console.Write(i+"");
        if (i == 10)
            return;
        if (i == 50)
            Console.WriteLine("i = 50");
    }
    Console.ReadLine();
}
```

程序在运行过程中,当遇到 return 语句时,程序立即退出整个 Main 方法,控制台立即关闭,整个程序执行完毕。由于 return 语句后没有任何参数,因此返回一个 void 类型。

在实际应用中,经常会编写一些方法用于实现某些特定的功能,这个时候就需要使用 return 语句了。例如:

```csharp
int add(int a, int b)
{
    return a+b;
}
```

通过 return 语句,返回该方法的值,并且结束该方法的调用。

3.3.4　goto 语句

同 C、C++一样,C♯ 语言中也支持 goto 语句。使用该语句时,需要在程序的适当位置加入语句标号。goto 语句的格式是:

```
goto 语句标号;
```

整个 goto 语句的功能是:使程序流程无条件地跳转到当前程序段中语句标号所标识的语句处继续执行。例如:

```
…
goto test;
…
test;
…
```

其中,test 是一个语句标号,程序执行到 goto 语句便会直接转向 test 标号处继续执行,两者之间的语句直接跳过。

需要注意的是,由于 goto 语句的使用破坏了程序的结构,过多的使用容易造成程序结构的混乱,导致程序维护相当困难,因此编程中应尽量少用 goto 语句。

习　题

1. 编写程序,使用 if 语句将输入的三个整数按从小到大的顺序排序。

2. 编写一个简单的控制台计算器程序,能够根据用户从键盘输入的运算指令和整数,进行简单的加减乘除运算。

3. 写一条 for 语句,计数条件为 i 从 100～200,步长为 2;然后再用 while 语句实现同样的循环。

4. 编写程序,输出 100 以内个位数为 6 且能被 3 整除的所有的数。

5. 编程输出 1～100 中能被 3 整除但不能被 5 整除的数,并统计出有多少个这样的数。

6. 合数就是非素数,即除了 1 和它本身之外还有其他约数的正整数。编写程序求出指定数据范围(假设 10～100)内的所有合数。

7. 编写程序,验证哥德巴赫猜想,即将任何一个大于 2 的偶数,拆分为两个素数之和。输出拆分后的结果,如 8＝3＋5。

8. 求出 1～300 的所有能被 7 整除的数,并计算和输出每 5 个的和。

第4章 类与类成员

C#是一门完全的面向对象的程序设计语言,与C语言不同,C#中没有存在于类型(类、结构、接口、枚举等)之外的全局变量和全局函数。因此,在C#程序中,所有的程序逻辑和数据都必须放在一个类型定义中,通常情况下是一个类。

本章主要介绍类的声明、对象的创建以及类的成员:字段、常量、方法、构造函数、析构函数、属性、索引器。

4.1 类 和 对 象

类是C#应用程序的基本组成单元,是在编写应用程序时对系统中的相关概念进行抽象并进一步封装的产物。当我们用面向对象的思想去分析、设计一个系统时,整个系统的结构就特别清晰。比如需要编写一个图书馆管理系统时,根据我们对图书馆的了解,大致有这样两个最主要的实体:图书和读者,有了读者和图书,基本就可以完成系统的一些常用功能,比如查找图书、借书、还书、续借图书等。这里的图书和读者就是我们在面向对象的思想下对系统实体进行抽象得到的类。我们再进行进一步的分析,图书包含书名、作者、出版日期等,读者包含读者证号、读者姓名等,这些信息则构成了类的成员。

类的概念是相对抽象的。比如说到图书这个类,我们无法说出具体的书名、作者、出版日期这些信息。但若是某一本具体的图书,比如一本《C#语言程序设计》,我们就知道这些具体信息。而这个具体的图书,就是图书类的一个对象。

接下来将介绍类和对象的声明、使用以及类的成员。

4.1.1 类的声明

类是C#中最重要的类型,它是一种数据结构,将状态(数据成员)与操作(函数成员)封装在一个独立的单元中。

使用类之前需要先声明,而我们之所以能够直接使用int、string这些类型,是因为.NET类库中已经声明了它们。声明一个类使用class关键字,其格式如下:

[访问修饰符] class 类名
{
    //类的成员定义;
}

说明：

（1）在声明格式中，一对方括号"[ ]"包含的部分表示该部分可以省略。在以后出现的声明格式中也遵循该原则。

（2）访问修饰符。访问修饰符可以用来修饰类和类的成员，它指出了类或类的成员是否能够被其他类的代码合法引用，体现了面向对象中的封装思想。它是定义类的可选部分。C♯中有5种访问修饰符，如表4-1所示。

表 4-1　访问修饰符

访问修饰符	访问权限——修饰类	访问权限——修饰类的成员
private	不能使用	私有的，最低的访问权限，只能在声明它的类中被访问
protected	不能使用	受保护的，只能在声明它的类和子类中被访问
internal	内部的，只能在所在的程序集中被访问	内部的，只能在所在的程序集中被访问
protected internal	不能使用	受保护的或内部的，可以在声明它的类和子类中被访问，也可以在它所在的程序集中被访问。是 protected 和 internal 访问权限的"并集"
public	公有的，访问不受限制	公有的，访问不受限制

在声明一个类时，若省略了访问修饰符，则默认的访问权限是 internal。

（3）类名是 C♯ 中的一个合法标识符。类名最好能够体现类的含义和用途。其第一个字母一般采用大写。

（4）类的成员定义用一对大括号"{ }"括起来，通常称之为类的主体。类的主体并不是一定要包括成员的定义，甚至可以声明一个类，不包括任何成员。

如以下代码声明了一个最简单的类：

```
class Reader
{
}
```

以上代码声明了一个类名为 Reader 的类。没有使用访问修饰符，则默认的访问权限为 internal。并且没有定义任何类的成员。

提示：可以在一个现存的 cs 文件中输入以上代码来建立 Reader 类，也可以利用 Visual Studio 开发环境提供的功能来辅助我们声明一个类：单击菜单栏"项目"→"添加类"（也可以在"解决方案资源管理器"中，鼠标右击项目，在弹出菜单中选择"添加"→"类"），然后在弹出的窗体中填写类文件名称 Reader. cs，单击"添加"按钮。开发环境会自动帮助生成类 Reader 的一部分相关代码。

4.1.2　对象

类是一个抽象的概念。通常情况下，一个类在声明之后并不能直接使用。我们需要创建这个类的对象（通常也称对象为实例，创建对象的过程称为类的实例化），并且声明对这个对象的引用。声明一个对象引用的格式如下：

```
类名 对象名；
```

一定要注意的是,类是一种引用类型。引用类型变量与值类型变量不同的是:值类型变量中存储的是实际数据,而引用类型变量中存储的是实际数据所在的内存地址。因此上面声明语句中的"对象名"作为一个引用类型变量,存储的并不是实际的对象(数据),而是实际对象在内存中的地址。此时真正的对象并没有被创建,因此"对象名"的值是 null,未指向内存中的任何地址。如下代码声明一个 Reader 类的对象引用 Tony:

Reader Tony;

内存如图 4-1 所示。

因此,还要再创建对象。C♯中使用关键字 new 来创建一个对象,其声明格式如下:

new 类名();

由于是引用类型,系统会在托管堆中为该对象分配内存。对象创建以后,就可以通过赋值语句将之前声明的对象引用 Tony 与创建的这个对象建立关联,通常说是让对象引用 Tony 指向新的对象。如下代码:

Tony = new Reader();

通过上句代码,对象引用 Tony 中就存放了新对象的地址,内存如图 4-2 所示。

图 4-1　对象引用　　　　　　　图 4-2　对象引用与实际对象数据

一般情况下,同时声明对象引用和创建对象。格式如下:

类名 对象名 = new 类名();

有了类的对象,就可以访问其内部的成员了,C♯语言中使用运算符".",格式如下:

对象名.成员名

假设 Reader 类有两个数据成员,声明如下:

```
class Reader
{
    public string readerID;        //读者证号
    public string readerName;      //读者姓名
}
```

则可以通过以下语句对成员进行访问:

Reader Tony = new Reader();

Tony.readerID = "R0001";

Tony.readerName = "Tony";

提示:在使用"对象名.成员名"来访问对象的成员时,一定要确认该对象引用不能为空(null),否则会引发一个异常。例如:

Reader Tony;   //此时该对象 Tony 为 null

Tony.readerName = "Tony"; //错误,因为对象 Tony 为 null,未指向任何内存空间

类与对象的区别和联系:类是一个相对抽象的概念,而对象是一个相对具体的概念;类为生成一个或多个对象提供模板、蓝图。有了类这个模板,就可以根据这个模板用 new

运算符生产出来一个个的对象。如图 4-3 所示。

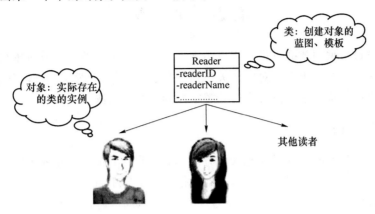

图 4-3 类与对象的区别

4.1.3 类的成员

类是利用面向对象的分析、设计方法对软件系统中的事物进行的抽象封装的产物,因此抽象封装后的类就应该有一定的意义和作用。类的意义和作用通过类的成员来体现,在 4.1.2 节中声明的 Reader 类中没有任何的类成员,这样的类没有什么意义,需要给它添加成员。

类的成员包括数据成员和函数成员。其中数据成员用来描述该类或对象的状态,而函数成员用来描述该类或对象所具有的行为。类的成员如表 4-2 所示。

接下来将会分别介绍类的数据成员:字段和常量;类的函数成员:方法、构造函数、析构函数、属性、索引器。其他成员将在以后章节介绍。

表 4-2 类的成员

成员	成员描述
字段	类的变量
常量	与类相关联的常数值
方法	类可执行的操作
属性	与读写字段相关的操作
索引器	能够以数组方式索引类的实例的操作
构造函数	用于初始化类的实例时执行的操作
析构函数	用于删除实例之前执行的操作
嵌套类型	在类中声明的类型
运算符	类所支持的表达式运算符
委托	本质也是个类,可以引用一个或多个方法
事件	可由类生成的通知,对用户提供方法的回调

4.2 字 段

字段是类最常见的数据成员。字段用来表示在类中定义的与类或对象相关联的变量成员。根据这些字段是跟实例对象相关还是和类相关,可以分为实例字段和静态字段,另外还有只读字段。接下来具体看看这几类字段的声明与用法。

4.2.1 实例字段

实例字段是与类的实例对象相关的字段,在该类的每个实例中都有它的数据副本。改变其中一个实例的某个字段不会影响到其他实例中的相同字段。

例如,要声明一个图书类 Book,在为该类增加成员时,需要一个成员来存放图书名称信息。对于这个成员来说,它是和每个实例(每本图书)相关的信息,因为每本图书都有自己的图书名称,改变其中任何一本图书的名称,并不会影响到其他图书。此时就可以将这个成员声明成为实例字段。实例字段的声明格式如下:

［访问修饰符］数据类型 字段名［ = 初始值］;

当省略了"访问修饰符",则类的成员的默认访问权限为 private;而省略"＝初始值"对字段的值进行初始化时,则字段会根据其数据类型的不同而具有相应的默认值。

实例字段声明了之后我们就可以访问它。在类的内部,可以直接使用字段名来访问;而在类的外部,由于实例字段是属于实例对象的数据成员,因此就需要首先创建一个该类的实例对象,然后通过对象名来引用。

【例 4-1】 声明一个图书类 Book,并为其添加实例字段,并进行字段访问。

根据面向对象的思想,首先分析现实图书馆中,一本图书的基本信息主要应该包括:图书编号、图书名称、当前状态、借出日期、应还日期(若不考虑到篇幅,图书信息还应包括更多内容)。图书状态可以简单分为在馆和借出两种,因此首先采用枚举类型定义了图书的两种状态(思考:为何此处图书状态不采用布尔类型变量来表示此图书是否在馆? 提示:若系统需求变更,增加一种图书状态——丢失,该如何做?)。由于对于每本图书来说,它们都包含这些信息的数据副本,并且互不影响。因此这些字段应该声明成为实例字段。代码如下:

```csharp
//4-1.cs
// 枚举类型——图书状态
enum EBookStatus
{
    AtLibrary,                    //在馆
    Borrowed,                     //借出
}


// 图书类
class Book
```

```
{
    public string bookID;              //实例字段:图书编号
    public string bookName;            //实例字段:图书名称
    public EBookStatus currentStatus;  //实例字段:当前状态
    public DateTime borrowDate;        //实例字段:借出日期
    public DateTime returnDate;        //实例字段:应还日期
}

//启动类
class _4_1
{
    static void Main(string[] args)
    {
        //创建一个图书对象
        Book book = new Book();
        //在类 Book 的外部,通过对象名访问其实例字段
        book.bookID = "B0001";
        book.bookName = "C 语言";
        book.currentStatus = EBookStatus.AtLibrary;
        //初始状态为"在馆",因此借出日期和应还日期未赋值
        Console.WriteLine(
            "图书编号:\t" + book.bookID +
            "\n 图书名称:\t" + book.bookName +
            "\n 当前状态:\t" + book.currentStatus.ToString());
    }
}
```

例 4-1 的运行结果如图 4-4 所示。

图 4-4　例 4-1 运行结果

在例 4-1 中为图书类 Book 声明了 5 个实例字段,为了能够在类的外部(主函数中)被访问,因此实例字段的访问修饰符都使用的 public。在主函数中通过 Book 类的一个对象引用 book 对其实例字段进行了访问(注:在类内部的函数成员中,可以直接用实例字段名进行访问,在介绍函数成员时将会看到这样的访问方式)。由于这些字段都是 Book 类的实例字段,因此在每个 Book 类的实例对象中,系统都会创建这些实例字段的数据副

本。并且在各个 Book 的实例对象中,这些实例字段互不影响。如通过以下语句声明了 Book 类的另外一个对象:

```
Book book1 = new Book();
book1.bookID = "B0002";
book1.bookName = "数据库";
book1.currentStatus = EBookStatus.AtLibrary;
```

托管堆中内存分配图如图 4-5 所示。

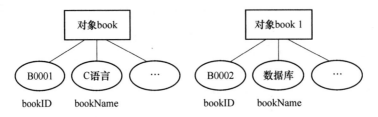

图 4-5　实例字段内存分配

如图 4-5 所示,两个对象的实例字段占用各自的内存空间,改变对象 book1 的 bookName 字段是不会影响到对象 book 的 bookName 字段的。

下面,再设计图书馆管理系统中的另一个重要的类:读者类。

【例 4-2】　声明一个读者类 Reader,并为其添加实例字段。

一个读者的基本信息大致应该包括:读者证号、读者姓名、读者年龄、所借图书(由于还未涉及 C#的数组和泛型,因此此处假设每个读者只能借一本书)。

```
//4-2.cs
//图书类
class Book { }

// 读者类
class Reader
{
    public string readerID;        //实例字段:读者证号
    public string readerName;      //实例字段:读者姓名
    public int readerAge;          //实例字段:读者年龄
    public Book borrowedBook;      //实例字段:所借图书
}

//启动类
class _4_2
{
    static void Main(string[] args)
    {
```

```
        //实例化一个读者对象 Tony
        Reader Tony = new Reader();
        //在类 Reader 的外部,通过对象名访问其实例字段
        Tony.readerID = "S0001";
        Tony.readerName = "Tony";
        Tony.readerAge = 20;
        Console.WriteLine(
            "读者证号:\t" + Tony.readerID +
            "\n读者姓名:\t" + Tony.readerName +
            "\n读者年龄:\t" + Tony.readerAge);
    }
}
```

例 4-2 运行结果如图 4-6 所示。

图 4-6 例 4-2 运行结果

4.2.2 静态字段

与实例字段不同,静态字段表明该字段是属于类本身而不是属于具体某一个实例对象,它被所有的实例共享。类的字段默认情况下都是实例字段,除非在声明字段时使用了 static 关键字修饰。定义一个静态字段的格式如下:

[访问修饰符] static 数据类型 字段名[= 初始值];

在类的外部访问静态字段时,由于静态字段是属于类的数据成员,因此在类的外部直接通过类名来引用,而无须创建类的任何实例:

类名.静态字段名

而在类的内部,可以使用上面的访问方法,也可以省略类名而直接使用字段名来访问。但无论在任何地方都不能用类的实例对象来访问静态成员。

【例 4-3】 为读者类 Reader 声明静态字段——读者人数。

由于在图书馆注册的"读者人数"是"读者"(类)这一层次上的概念,应该是类本身的成员,而不是属于类的某个具体实例 Tony、Rose 或是其他。因此将该数据成员 readerCount 用 static 关键字来修饰,定义成为静态字段。

```
//4-3.cs
//读者类
class Reader
{
```

```
        public static int readerCount;              //静态字段 readerCount
}


//启动类
class _4_3
{
    static void Main()
    {
        Reader Tony = new Reader();
        Reader Rose = new Reader();
        // reader1.readerCount = 2;              //错误的访问方式
        Reader.readerCount = 2;
        Console.WriteLine("图书馆已注册的读者人数为:"
         + Reader.readerCount.ToString()); //用类名 Reader 直接访问
    }
}
```

例 4-3 的运行结果如图 4-7 所示。

图 4-7　例 4-3 运行结果

在例 4-3 中,为读者类 Reader 声明了一个静态字段 readerCount。然后在主函数中通过类名引用该字段。由于 readerCount 是静态字段,该字段就是属于类本身的数据成员,只有一个数据副本,而无论创建了多少个该类的对象。另外,需要特别注意的是静态字段的引用方法,实例字段属于每个类的对象,因此用对象名来引用,而静态字段使用类名来引用,即使未创建该类的任何对象。

托管堆中内存分配图如图 4-8 所示。

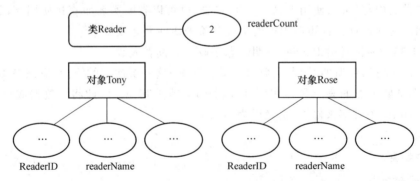

图 4-8　静态与实例字段内存分配的不同

4.2.3 只读字段

在声明一个字段时若使用关键字 readonly，则表明该字段是一个只读字段。只读字段只能在声明或者在构造函数（具体参见 4.5 节）中进行赋值，而在其他地方无法修改其值。声明格式如下：

［访问修饰符］readonly 数据类型 字段名［＝初始值］;

如在图书馆管理系统中，对每位读者的最大借书数量是有限制的，不能超出这个限制。这个数值一旦被声明赋值后一般不再改变，因此可以声明成为只读字段，如下代码所示：

```
class Reader
{
    public readonly int maxBorrowDays = 10;//能够借书的最大数量
}
```

倘若所有的读者都只能最多借 10 本图书，则可以将最大借书数量这个概念从对象的层次提升到读者"类"这一层次，被所有实例对象共享。的确，C#中允许将只读字段同时声明成为静态的，声明格式如下：

［访问修饰符］static readonly 数据类型 字段名［＝初始值］;

```
class Reader
{
    public static readonly int maxBorrowDays = 10;//能借书的最大数量
}
```

在访问只读字段时，和前面讲到的相同，如果是静态只读字段就用类名引用，如果是实例只读字段就用对象名引用。

4.3 常 量

在类中，常量是具有常数值的类的数据成员。在声明常量时就要确定它的值，而之后其值不能再被修改。可以用关键字 const 来声明类的常量数据成员：

［访问修饰符］const 数据类型 常量名＝初始值;

说明:

(1) 在上面的声明语句中，"初始值"是必须在编译阶段就能确定的值，这与之前看到的字段的定义不同。

(2) 常量可以是一个简单类型（sbyte、byte、short、ushort、int、uint、long、ulong、char、float、double、decimal、bool 或 string 类型、枚举）的常数，或由其他常量组成的表达式。

(3) 如果是某个对象的引用，则初始值只能是 null，而不能指向某一个对象，因为对象只有在运行时才能确定

如以下示例的常量声明：

```
class DateConstance
```

```
{
    public const int hours = 24;              //整型常数
    public const int minutes = hours * 60;    //整型常量表达式
    public const int seconds = minutes * 60;  //整型常量表达式
    public const string monday = "星期一";     //字符串常数
    //public const Reader r = new Reader();    //错误的常量声明,编译时无法确
                                                   定其值
}
```

如果要声明多个相同类型的常量,我们可以在一条语句中同时声明,中间用逗号隔开:

```
class DateConstance
{
    public const int hours = 24,minutes = hours * 60,seconds = minutes * 60;
}
```

由于常量的值在声明之后就不能再改变,因此对于该类的所有实例来说,这个常量的值都是相同的。所以这个常量相当于是类的成员,而不是对象的成员,虽然它在声明时不能使用关键字 static,但是访问常量的方式和访问静态字段一样:

类名.常量名

比如要在主函数中访问 DateConstance 类中的常量:

```
class Program
{
    static void Main(string[] args)
    {
        Console.WriteLine("一天有{0}秒",DateConstance.seconds);
    }
}
```

只读字段与常量字段都是一旦确定了值以后就不能再被修改。那么应该如何区分各自的应用场合呢?首先,根据只读字段和常量字段的定义,可以得到它们的主要区别:

(1)常量只能在声明时赋值,而只读字段可以在声明时赋值,同时也可以在构造函数中赋值,但以在构造函数中的赋值为最终的值。

(2)常量在程序编译时值就必须确定,而只读字段的值可以在程序运行时确定。

```
public class Book
{
    public const DateTime BorrowDate = DateTime.Today();
    //错误,编译时无法确定常量的值,因为 DateTime.Today()的值要等到运行时
      才能确定
}
public class Book
```

```
{
    public readonly DateTime BorrowDate = DateTime.Today();
    //正确,运行时确定只读字段的值
}
```

如果一个值在整个程序中保持不变,并且在编写程序时就已经知道这个值,那么就应该使用常量。如果这个值在编写程序时不知道,而是程序运行时才能得到,那么就应该使用只读变量。比如,在编写程序阶段,就可以确定读者"能够借书的最大数量"为 10 本,那么就可以将该字段声明成为常量。但是如果允许"能够借书的最大数量"可以由系统管理员通过系统选项来更改,那么该字段的值在编写程序阶段就无法确定,只能在程序运行阶段通过读取相关设置才能确定,并且一旦确定就不能再更改,因此在这种情况下就需要使用只读字段。

(3) 常量虽然不能用 static 关键字修饰,但它默认是类级别的成员;而只读字段可以是类的成员(用 static 关键字修饰),也可以是对象的成员,它允许类的每个实例对象都有不同的值。

4.4　方　法

本章接下来介绍的成员都是类的函数成员。方法是类最普通的函数成员。它包含一系列的执行语句,用于实现可以由类或对象执行的计算或操作。一般情况下,方法包括方法声明和方法体。方法声明用来指定方法名称、方法参数等,方法体用来描述该方法使用何种算法和结构来完成操作。类的其他函数成员本质上也是方法。

如前面章节都会涉及的应用程序的启动方法 Main:

```
public static void Main(string[] args)
{
    //方法体
}
```

4.4.1　方法声明

在 C♯ 程序中,没有像 C 和 C++语言中的全局函数,每一个方法都必须和类或结构相关。方法在类或结构中声明,需要指定访问修饰符、返回值类型、方法名称和方法参数。其声明的一般格式如下:

```
[访问修饰符] 返回值类型 方法名称([参数列表])
{
    //方法体
}
```

说明:

(1)访问修饰符。5 种访问修饰符的一种。该项可以省略,默认访问权限为 private (私有的)。

（2）返回值类型。方法执行相应操作后返回的值的数据类型。方法的执行不一定要有返回值，但没有返回值并不意味着该项可以省略。如果方法没有返回值，则返回值类型必须为 void。

（3）方法名称。对方法名的声明推荐具有一定的含义，例如 PrintResult 的大意就是打印计算结果，这样其他的开发人员也能够读懂该函数的作用，增加了代码的可读性。

（4）参数列表。在方法定义时，参数列表中的参数称为形参（形式参数）。参数列表用来向方法传递参数。参数列表可以省略，表示方法没有参数，但是一对小括号不能省略。如果包含多个参数，则参数之间用逗号分隔。参数列表声明格式如下：

数据类型 参数 1，数据类型 参数 2，…，数据类型 参数 n

（5）方法体可以为空，但一对大括号不能缺少。

下面的语句声明了两个方法：

① public int Add(int a,int b){ }

② void PrintResult(int a,int b){ }

第一条语句用 public 关键字声明了一个公有方法 Add。返回值类型为 int，接收两个 int 类型参数 a 和 b；第二条语句声明方法 PrintResult 时省略了访问修饰符，则该方法默认是私有方法。返回值类型为 void，表示没有返回值。同样接收两个 int 类型的参数 a 和 b。两个方法的方法体都为空，但仍要加上一对大括号。

4.4.2 方法体

方法体是用来描述方法所要执行的语句序列，包含在一对大括号"{ }"中。方法体中可以包含变量的定义、控制语句块以及对其他方法的调用。方法体虽然可以为空，但空的方法没什么作用，因此需要根据方法要实现的具体功能添加方法体。

1. 局部变量

在方法体中定义的变量，一般称为局部变量。它用于临时保存方法体中的计算数据。其定义格式如下：

数据类型 变量名称 [= 初始值];

值得注意的是，局部变量和实例字段都用来保存数据，但它们之间存在以下区别。

（1）实例字段在定义时，若不使用初始值对其进行初始化，则系统会将默认值赋值给该字段。而对于局部变量，在引用该局部变量之前，必须显式地对其赋值，否则系统会报错："使用了未赋值的局部变量"。如以下代码：

```
class MyClass
{
    public void Method()
    {
        int i = 1;
        int j;
        int k;
        j = 1;
```

```
        Console.WriteLine(i);          //正确,已在定义时 i 赋初值
        Console.WriteLine(j);          //正确,在引用 j 之前已赋值
        Console.WriteLine(k);          //错误,k 未赋值
    }
}
```

（2）局部变量不能用访问修饰符修饰。如以下代码：

```
class MyClass
{
    public int i;                //正确,实例字段可以用访问修饰符修饰
    public void Method()
    {
        public int j = 1;        //错误,不能用访问修饰符修饰
        int k = 1;               //正确,未使用访问修饰符修饰
    }
}
```

（3）它们的生存周期不同。实例字段的生存周期从实例被创建开始,到实例被销毁时结束。而对于局部变量来说,当局部变量所在的语句块执行到其被定义的语句时开始,到所在的语句块执行完成后结束。如以下代码：

```
class MyClass
{
    public void Div(int a,int b)
    {
        int i = 1;                     // i 定义时,生存周期开始
        if (b! = 0)
        {
            int k = 0;// k 定义时,生存周期开始
            k = a / b;
        }//k 所在 if 语句块执行结束后,生存周期结束
    }//i 所在 Add 方法语句块执行结束后,生存周期结束
}
```

2. return 语句

如果方法有返回值,则必须在方法体中使用 return 语句从方法中返回一个值。return语句的使用格式如下：

```
return 表达式 ;
```

说明：

（1）return 语句会将值返回给方法的调用方。另外还会终止当前方法的执行并将控制权返回给调用方,而不管 return 语句后是否还有其他语句未执行。例如,下面的两个方法使用 return 语句来返回两个整数之和：

```
class MyClass
{
    public int Add(int num1,int num2)
    {
        int Sum = 0;
        Sum = num1 + num2;
        return Sum;                    //将 Sum 的值以及控制权返回给调用方
        Console.WriteLine(Sum);        //此语句不会被执行
    }
}
```

当执行完 return 语句之后,方法就会终止,返回到调用方,而之后的语句都不会被执行。

(2) return 关键字后面是与返回值类型匹配的表达式(表达式值的类型必须与方法声明的返回值类型相同,或是能隐式地转换成为返回值类型)。

```
class MyClass
{
    public Double Add(int num1,int num2)
    {
        int Sum = 0;
        Sum = num1 + num2;
        return Sum;
    }
}
```

以上方法返回值类型为 Double 类型,但是 return 语句后的 Sum 是 int 类型。由于 int 类型能够安全转换为 Double 类型,且不会丢失信息,因此程序能够正常运行。

(3) 方法体中可以有多条 return 语句,但如果方法有返回值,就必须保证有一条 return 语句必定会执行一次,例如,对于下面的方法,编译器就会报错:

```
class MyClass
{
    public int Div(int num1,int num2)
    {
        if (num2! = 0)
            return num1 / num2;        //该 return 语句不一定会执行
    }
}
```

在上面的方法中,只有当 num2 不等于 0 时,才能够保证 return 语句的执行。但该方法必须要有一个返回值,因此对于以上方法编译器会报错:"并非所有的代码路径都返回值"。以上方法可以改为:

```
class MyClass
{
    public int Div(int num1,int num2)
    {
        if (num2! = 0)
            return num1 / num2;
            else return 0;
    }
}
```

以上代码就能够保证方法体中必定会执行一次 return 语句。

（4）在没有返回值的方法体中，方法会按照语句的流程执行完成后自动终止，返回给调用方。但也可以使用 return 语句来提前停止方法的执行，由于没有返回值，因此省略 return 关键字后的表达式，直接用分号结束。格式如下：

return;

如下代码所示：

```
class MyClass
{
    public void Div(int num1,int num2)
    {
        if (num2 == 0)
            return;          //如果被除数为 0,则用 return 语句停止方法的执行
        Console.WriteLine( num1 / num2);
    }
}
```

【例 4-4】 编写一个方法，在控制台输出读者的相关信息。

编写方法之前首先要考虑方法应该写在哪个类中，因为读者的信息都在 Reader 类中声明，因此该方法应写在 Reader 类中，作为它的一个函数成员。其次考虑方法的声明：

（1）访问修饰符：由于该方法要供其他类使用，因此可定义成为 public。

（2）返回值类型：该方法只是将读者信息在控制台输出即可，不需要返回值，因此该项为 void。

（3）方法名称：当然，将方法命名为 a 或 xyz 都不会出错，但一般要为方法起个有意义的名称便于理解。在此使用 Display。

（4）参数列表：由于要显示的信息为类的实例字段，在类的内部直接用字段名访问。因此不需要其他参数。

最后根据方法要实现的功能，设计出相应的算法，最后用 C♯代码实现。在控制台输出信息，调用 Console 类的 WriteLine 方法即可。代码如下：

```
//4-4.cs
//图书类
```

```
class Book{ }

//读者类
class Reader
{
    public string readerID;              //实例字段:读者证号
    public string readerName;            //实例字段:读者姓名
    public int readerAge;                //实例字段:读者年龄
    public Book borrowedBook;            //实例字段:所借图书

    //显示读者信息方法
    public void Display()
    {
        Console.WriteLine(
            "读者证号:\t" + readerID +
            "\n读者姓名:\t" + readerName +
            "\n读者年龄:\t" + readerAge);
    }
}
//启动类
class _4_4
{
    static void Main()
    {
        Reader Tony = new Reader();
        Tony.readerID = "S0001";
        Tony.readerName = "Tony";
        Tony.readerAge = 20;
        Tony.Display();//方法的调用,在 4.4.4 节中具体讲解
    }
}
```

例 4-4 的运行结果如图 4-9 所示。

图 4-9　例 4-4 运行结果

4.4.3 实例方法与静态方法

声明方法时使用了 static 修饰符的是静态方法,没有使用 static 修饰符的方法则是实例方法。前面讲到的方法都是实例方法。同字段类似,实例方法属于实例对象,而静态方法则属于类本身。

静态方法除了在声明时与实例方法有区别以外,还有两个区别:一是在静态方法体中不能引用类的实例成员,只能访问类的静态成员。如以下代码所示:

```
class MyClass
{
    int i;
    static int j;
    public static void Method()
    {
        i = 1;          //错误,静态方法不能引用实例字段
        j = 1;          //正确,静态方法可以引用静态字段
    }
}
```

二是在方法的调用方式上。

4.4.4 方法调用

除了应用程序的入口方法 Main 外,其他方法声明之后,并不会自动调用(执行)。要使用这些方法,就需要使用语句去调用。对于实例方法,在方法所在类的外部调用该方法时,由于它是实例对象的成员,因此需要用对象名来引用;而对于静态方法,它属于类本身,因此要用类名来引用。调用的格式分别如下:

对象名.实例方法名(参数列表)

类名.静态方法名(参数列表)

而在类的内部,不管是实例方法还是静态方法,都可以用方法名直接调用:

方法名(参数列表)

说明:

(1) 在方法调用时,参数列表中的参数称为实参(实际参数)。

(2) 参数匹配。在方法调用时,实参必须与形参相匹配。匹配是指参数的类型(类型相同或能隐式转换)、个数以及顺序。例如有以下方法声明:

```
class MyClass
{
    public void Method(int i,string j,bool k){ }
}
```

调用语句:

```
MyClass MC = new MyClass();
```

```
int a = 5; string s = "hello"; bool b = false;
MC.Method(a,s);        //错误,参数个数不匹配
MC.Method(s,a,b);      //类型不匹配,s无法隐式转换到 int 类型,a 也无法隐式转换
                         为 string 类型
MC.Method(a,s,b);      //正确,实参与形参相匹配
```

（3）如果方法的返回类型是 void,则方法调用表达式就没有值。如果方法的返回类型不是 void,则调用表达式的值就是方法体内 return 语句中表达式的值。如调用语句:

```
class MyClass
{
    public void MethodA(){ }
    public int MethodB(){ return 1; }
}
```

调用语句:

```
MyClass MC = new MyClass();
int a,
MC. MethodA();       //正确,作为方法调用语句
a = MC.MethodA();    //错误,MC. MethodA()没有值,无法对变量 a 进行赋值
MC.MethodB();        //正确,作为方法调用语句
a = MC.MethodB();    //正确,调用方法后 MC.MethodB()的值为 1,然后赋值给变量 a
```

4.4.5　参数传递

所谓参数传递是指实参把数据传给形参的方式,或者说是方法调用方与方法之间传递信息的一种方式。在 4.4.4 节中只是简单介绍了在调用方法时实参应该遵循的规则,然而在实参和形参之间,还存在着一些微妙的关系。在 C♯ 程序中,参数既可以通过值传递也可以通过引用传递。这两种传递方式有着本质上的区别,只有清楚了它们之间的区别,才能够在编写程序时做到灵活运用。

1. 值传递

在 C♯ 程序中,所有的参数默认都是通过值来传递的,除非特别说明。但由于值类型直接存储其值,而引用类型只是存储其值的地址。这就使按值传递分为两种形式:值类型的按值传递和引用类型的按值传递。

值类型的按值传递本质是:实参将值复制一份传给形参,形参接收了实参的值后与实参已不再存在任何联系。在方法中对形参的修改不会影响到对应的实参,这种传递方式又称为单向传递。

【例 4-5】　值类型的按值传递。

```
//4-5.cs
//启动类
class _4_5
{
```

```
public static void Method(int a)
{
    a = 100;
}

static void Main(string[] args)
{
    int A = 1;
    Console.WriteLine("调用前实参 A = " + A.ToString());
    Method(A);
    Console.WriteLine("调用后实参 A = " + A.ToString());
}
}
```

例 4-5 的运行结果如图 4-10 所示。

图 4-10 例 4-5 运行结果

在 Method 方法中,声明了一个 int 类型的形参。通过调用语句"Method(A);"将具有初始值 1 的实参 A 传递给形参 a。由于参数类型是值类型,是值类型的按值传递。参数在进行传递时,实际上是将实参 A 的值 1 复制一份给了形参 a,因此 a 的值也为 1,但之后形参与实参之间就没有任何关系,方法体中修改了形参 a 的值之后不会影响到实参 A。当方法执行结束之后,a 的生存周期结束,而运行结果显示,A 的值不变。运行过程如图 4-11 所示。

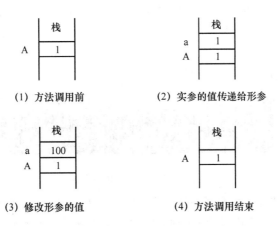

图 4-11 值类型按值传递的参数内存分配

而当传递的参数为引用类型时,传递的是指向对象的引用(引用类型的变量包含的是对其数据的引用地址,而不直接包含其数据)。因此当通过值传递引用类型的参数时,实参将它的“值”(引用的地址)复制一份给形参,则形参就与实参具有相同的“值”。由于是引用类型,这就意味着形参和实参引用的是同一个对象。当通过形参修改该对象的成员数据时,就会对实参造成影响。

【例 4-6】 引用类型的按值传递。

```
//4-6.cs
class MyClass
{
    public int n = 5;
}


//启动类
class _4_6
{
    public static void Method(MyClass mc)
    {
        mc.n = 100;
    }

    static void Main(string[] args)
    {
        MyClass MC = new MyClass ();
        MC.n = 1;
        Console.WriteLine("调前后 MC.n 的值为:" + MC.n.ToString());
        Method(MC);
        Console.WriteLine("调用后 MC.n 的值为:" + MC.n.ToString());
    }
}
```

例 4-6 的运行结果如图 4-12 所示。

图 4-12　例 4-6 运行结果

在 Method 方法中,声明了一个 MyClass 类型的形参。通过调用语句“Method(MC);”将实参 MC 传递给形参 mc 时,由于参数类型是引用类型,是引用类型的按值传递。参数在进行传递之前,语句“new MyClass ()”实例化了一个对象,而 MC 只是作为对象的引用存放了该对象的地址,实际并不包含该对象的任何数据。在进行参数传递时,实际上是将实参 MC 中存放的对象地址复制了一份给形参 mc,因此 mc 中就存放了相同的对象地址,即引用了相同的对象。因此在方法体中通过形参修改了该对象的数据之后,是会造成该对象数据的"永久"变化的。当方法执行结束后,形参 mc 的生存周期结束,但实参 MC 中所存储的仍是原对象地址。正如运行结果所显示的,当方法执行结束以后我们再通过"MC.n"显示该对象的数据成员 n 时,发现它已经发生了变化。方法的执行过程如图 4-13 所示。

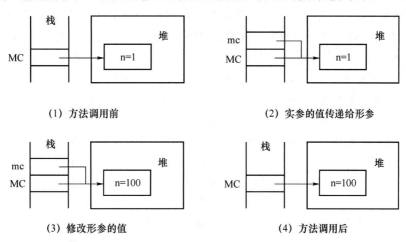

图 4-13 引用类型按值传递的参数内存分配(1)

但这里要注意,若修改形参本身,是不会影响到实参的,比如 Method 方法体修改如下:

```
public static void Method(MyClass mc)
{
    mc.n = 100;
    mc = new MyClass();
    mc.n = 200;
}
```

方法的执行过程如图 4-14 所示。

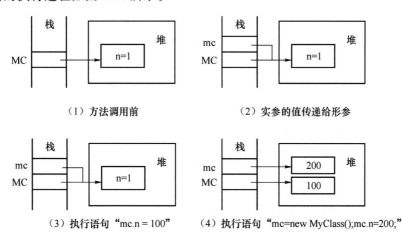

图 4-14 引用类型按值传递时的参数内存分配(2)

需要注意图 4-14 中的最后一个图,通过"mc=new MyClass();"会在托管堆中声明一个新的对象,并让对象引用 mc 指向托管堆中的这个新对象,但是 MC 的指向还是不变。

从以上例子和图示可以得出结论:当引用类型按值传递时,会更改所引用对象的数据,如某类成员的值。但是无法更改引用本身的值,因为引用本身是按值来传递的。

在理解引用类型的按值传递过程时一定要首先理解引用类型的本质,引用类型的变量本身只包含对象的引用地址,它们只给方法传递这个引用地址的副本,而不是对象本身。相反,值类型的对象包含的是实际数据,所以传递给方法的是数据本身的副本。

2. 引用传递

除了按值传递参数外,C#程序还允许按引用的方式来传递参数(注意:"按引用的方式传递参数"和之前讲到的"引用类型按值传递"是不同的)。当使用"引用传递"方式传递参数时,在方法中对形参进行的任意修改都会反应在相应的实参中,这种方式又称双向传递。在 C# 中,可以用 ref 和 out 关键字来实现引用传递。

(1) ref 参数

在 C# 程序中要通过引用方式传递数据,可以使用关键字 ref。使用方法是:在定义方法时,在需要按引用传递的参数的类型说明符前加上关键字 ref。在调用方法时,在按引用传递的实参之前也要加上关键字 ref。另外,使用 ref 进行引用传递前,实参必须初始化。

【例 4-7】 通过 ref 参数进行参数的引用传递。

```
//4-7.cs
class MyClass
{
    public int n = 5;
}


//启动类
class _4_7
{
    public static void Method(ref int a,ref MyClass mc)
                        //形参 a 前用 ref 修饰,表明该参数按引用传递
    {
        a = 100;          //修改值类型形参的值
        MyClass mc1 = new MyClass();
        mc1.n = 200;
        mc = mc1;         //修改引用类型形参本身的值
    }
    static void Main(string[] args)
    {
        int x = 1;
```

```
MyClass MC = new MyClass();
MC.n = 1;
Console.WriteLine("调用前实参 x 的值为:" + MC.n.ToString());
Console.WriteLine("调用前实参 MC.n 的值为:" + MC.n.ToString());

//调用前,参数必须要初始化,并且在调用时,实参前也要用加上关键
  字 ref
Method(ref x,ref MC);
Console.WriteLine("调用后实参 x 的值为:" + x.ToString());
Console.WriteLine("调用后实参 MC.n 的值为:" + MC.n.ToString());
    }
}
```

例 4-7 的运行结果如图 4-15 所示。

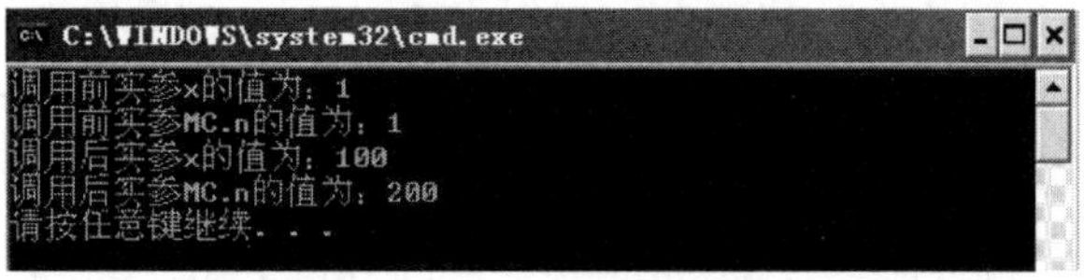

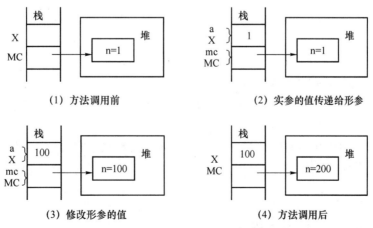

图 4-15　例 4-7 运行结果

在例 4-7 中,声明了一个方法 Method,它包含两个参数:值类型的参数 a 和引用类型的参数 mc。两个参数都使用 ref 关键字修饰,表明是按引用传递。在方法体中,修改了形参 a 和 mc 的值,从运行结果来看,无论是值类型还是引用类型的参数,当按引用传递时,对形参值的改变会相应地影响到实参的值。

方法的执行过程如图 4-16 所示。从图中可以看出,引用传递与值传递的区别在于:当将实参的值传递给形参的时候,并没有为形参在栈中另外开辟存储空间,而是相当于实参的一个"别名"。这样一来,在方法体中对形参进行操作就相当于是对实参进行的操作,所有的改变是会被带出方法的。

图 4-16　用 ref 传递参数时的参数内存分配

由此可得出这样的结论:对于复杂的数据类型,按引用传递参数的效率更高,因为参数在按引用传递时,不需要为参数开辟另外的存储空间;而参数按值传递时,必须复制大量的数据以得到副本。但正是由于引用传递会修改调用者的数据,因此这种做法有一定的风险。

（2）out 参数

out 关键字同样会使参数通过引用来传递,这与 ref 关键字类似。若要使用 out 参数,方法定义和调用方法都必须显式使用 out 关键字。

【例 4-8】 通过 out 参数进行参数的引用传递。

通常情况下,方法只能返回一个值,但是在实际的开发当中,实际的情况可能需要返回多个值的方法。当希望方法返回多个值时,可以将参数按引用来传递。这里用 out 参数示例。

```
//4-8.cs
class MyClass
{
    public int n = 5;
}


//启动类
class _4_8
{
    public static void Method(out int a,out MyClass mc)
    {
        a = 100;                //修改值类型形参的值
        mc = new MyClass();
        mc.n = 100;             //修改引用类型形参本身的值
    }


    static void Main(string[] args)
    {
        int x;
        MyClass MC = new MyClass();
        //调用前,参数可以不用初始化;在调用时,实参前也要用加上关键字 out
        Method(out x,out MC);
        Console.WriteLine("方法调用后 x = " + x.ToString() + " MC.n = " + MC.n.
        ToString());
    }
}
```

例 4-8 的运行结果图 4-17 所示。

图 4-17 例 4-8 运行结果

关键字 ref 和 out 都可以用于参数的引用传递,并且都适合于返回多个值的应用。它们的不同之处在于哪个方法负责初始化参数。如果一个方法的参数被标识为 ref,那么调用代码在调用该方法之前必须首先初始化参数。被调用方法则可以任意选择读取该参数、或者为该参数赋值;而如果一个方法的参数被标识为 out,那么调用代码在调用该方法之前可以不初始化该参数。实际上,即使在调用前初始化了该参数,在进行传递时,该值也会被忽略。如将例 4-8 中 Method 方法体修改如下则会出现编译错误:

```
public static void Method(out int a)
{
    Console.WriteLine(a.ToString());      //错误:引用未赋值的参数 a
}
static void Main(string[] args)
{
    int x = 1;  //初始化实参 x
    Method(out x);
}
```

以上代码在编译时会报错:"使用了未赋值的 out 参数 a"。由此可见,参数 x 的值没有传递给形参 a。因此在方法内部,out 参数如同方法内的局部变量一样,在引用前必须先为其赋值。

其次,还必须在方法返回之前为 out 参数赋值。如将例 4-8 中 Method 方法体修改如下则会出现编译错误:

```
public static void Method(out int a,out MyClass mc)
{
    mc = new MyClass();
    mc.n = 100;              //修改引用类型形参本身的值
}
```

由于在方法体内未给参数 a 赋值,因此在编译代码时会报错:"控制离开当前方法之前必须对 out 参数 a 赋值。"

由此可以得出结论:out 参数不能将值带进方法体,而只能将值带出方法体。

3. params 参数

在某些情况下,当为方法定义参数时,无法确定参数的个数。比如要实现多个整数的累加,我们希望当输入几个整数时就得到这几个整数的和。由于在程序编写阶段无法预知用户输入的整数个数,因此无法确定该方法参数的个数。

params 关键字给我们提供了实现此类应用的能力:为方法定义一个接受可变数目参

数的方法。例如，.NET 类库中的 System.String 类型提供的方法 String.Concat 就允许将任意个数的字符串连接在一起，使用起来非常方便，比如，String.Concat("a","b","c")和String.Concat("a","b","c","d","e")(结果分别为"abc"和"abcde")都是合法的调用。

params 参数定义格式如下：

方法修饰符 返回类型 方法名(params 类型[] 变量名)
{
    //方法体
}

说明：

params 参数也称为参数数组，当我们要声明参数数组时，要注意以下几个方面：

（1）在方法声明的参数列表中最多只能出现一个参数数组，并且该参数数组必须位于形参列表的最后。

（2）参数数组必须是一维数组。

（3）与参数数组对应的实参可以是任意多个与该数组的元素属于同一类型的变量，也可以是同一类型的数组。

（4）不允许将 params 修饰符与 ref 和 out 修饰符组合起来使用。

【例 4-9】 声明 params 参数实现多个整数的累加。

```
//4-9.cs
class MyClass
{
    public int Add(params Int32[] nums)
    {
        int sum = 0;
        for (int i = 0; i<nums.Length; i++)
            sum += nums[i];
        return sum;
    }
}


//启动类
class _4_9
{
    static void Main(string[] args)
    {
        int sum = 0;
        MyClass mc = new MyClass ();
        sum = mc.Add(1,2,3);                          //传递 3 个整型值
        Console.WriteLine("计算结果为:" + sum.ToString());
```

```
        sum = mc.Add(1,2,3,4,5);                    //传递 5 个整型值
        Console.WriteLine("计算结果为:" + sum.ToString());
        sum = mc.Add(new int[] { 1,2,3,4,5 });      //传递整型数组
        Console.WriteLine("计算结果为:" + sum.ToString());
    }
}
```

例 4-9 的运行结果如图 4-18 所示。

在例 4-9 中,类 MyClass 中声明了一个 Add 方法,它声明了一个 Int32 类型的参数数组。在调用该方法时,可以传递一个整型数组 Add(new int[]{1,2,3,4,5})。但是这种调用方法看起来有些不太简洁,我们更希望用这样的方式来调用 Add 方法:Add(1,2,3,4,5),之所以可以这样做,正是因为 params 关键字的缘故。

图 4-18 例 4-9 运行结果

在进行 Add 方法调用时,我们来看看编译器是如何来处理这次调用:编译器会在对象 mc 中检查不包含 params 参数的所有方法,如果存在一个 Add 方法并且满足该调用,编译器就会调用该方法,否则会查找对象 mc 中包含 params 参数的方法,看是否能够满足调用。如果满足,则会首先构造一个整型数组,并用指定的元素来填充数组,最后生成调用 Add 方法的代码。由此可以看出,给带有 params 参数的方法传递该参数时,传递一个数组和传递多个值的本质是相同的,只不过传递多个值更加简洁,另外可读性更强。

4.4.6 方法重载

介绍方法重载前,先来看看方法签名的概念:方法签名是指方法的名称和参数列表(参数的数目、顺序、类型)。在同一个类中,每个方法的签名必须是唯一的。只要成员的参数列表不同,成员的名称可以相同。如果类中有两个或多个方法具有相同的名称和不同的参数列表,则称这些同名方法实现了方法重载(overload)。

因此构成重载的方法之间除了首先要满足方法名称相同外,还必须满足以下条件之一:

(1) 参数的数目不同。

(2) 相同位置上参数的类型不同。

(3) 参数的修饰符不同,用 ref 或 out 修饰。

重载导致了同一个类中有一个以上的同名方法,因此在调用时,编译器会根据实参的数目、类型等在重载方法中自动匹配具有相同方法签名的方法。

【例 4-10】 方法的重载。

```
//4-10.cs
class MyClass
```

```
{
    public int Add(int a, int b)
    {
        return a + b;
    }

    public int Add(int a, int b, int c)          //参数数目不同,形成重载
    {
        return a + b + c;
    }
    public double Add(double a, double b)        //参数类型不同,形成重载
    {
        return a + b;
    }
    public int Add(ref int a, int b)             //参数修饰符 ref,形成重载
    {
        return a + b;
    }
}


//启动类
class _4_10
{
    static void Main(string[] args)
    {
        MyClass mc = new MyClass ();
        //调用第一个重载方法
        Console.WriteLine("两数之和为:" + mc.Add(1,2));
        //调用第二个重载方法
        Console.WriteLine("两数之和为:" + mc.Add(1,2,3));
        //调用第三个重载方法
        Console.WriteLine("两数之和为:" + mc.Add(1.1,2.2));
        int num = 4;
        //调用第四个重载方法
        Console.WriteLine("两数之和为:" + mc.Add(ref num,3));
    }
}
```

例 4-10 的运行结果图 4-19 所示。

图 4-19 例 4-10 运行结果

从例 4-10 运行结果可以看出,依据不同的参数列表,编译器正确地选择了最合适的调用方法。

注意,以下几种情况不能实现 Add 方法的重载。

(1) 参数名称不同:public int Add(int x,int y)。

(2) 返回值类型的不同:public long Add(int a,int b)。

(3) 仅 ref 和 out 不同:public int Add(out int a,int b),这个方法声明被认为和 public int Add(ref int a,int b)具有相同的方法签名。

4.4.7 方法递归

在一个方法的方法体中,除了可以调用其他方法外,还可以调用自身。在方法体中调用自身就形成了方法的递归调用。

如要求一个整数 n 的阶乘 $n!$,n 的阶乘的计算方式如下:

$$
\begin{aligned}
n! &= n \times (n-1)! \\
&= n \times (n-1) \times (n-2)! \\
&= n \times (n-1) \times (n-2) \times \cdots \times 2! \\
&= n \times (n-1) \times (n-2) \times \cdots \times 2 \times 1
\end{aligned}
$$

可见,n 的阶乘等于 n 乘以 $n-1$ 的阶乘,而进一步求 $n-1$ 的阶乘时,又转化为求一个数的阶乘问题,只不过这个数从 n 变成了 $n-1$。这样递归下去,直到变成求 1 的阶乘为止,就可以一步步回溯,得到 n 的阶乘。因此,我们只需要定义一个方法:求一个数的阶乘。

【例 4-11】 求 $n!$。

```
//4-11.cs
//启动类
class _4_11
{
    public static long Factorial(int n)
    {
        if (n==1)                          //递归方法的回溯条件
            return 1;
        else
            return n * Factorial(n-1);     //调用自身,形成递归
    }
```

```
static void Main(string[] args)
{

    Console.WriteLine("请输入 n 的值:");
    int n = Convert.ToInt32(Console.ReadLine());
    Console.WriteLine(n + "! = " + Factorial(n));

}
}
```

例 4-11 的运行结果图 4-20 所示。

图 4-20   例 4-11 运行结果

任何递归都必须至少具备一个能够返回的条件,当满足这个条件时,递归就进行回溯,这个条件叫做递归出口。如果没有递归出口,那么递归方法将一层层地永远嵌套调用下去,导致系统崩溃。在上面求阶乘的例子中,递归出口就是:当 $n=1$ 时,返回 1,此后就进行递归方法的回溯。

在方法体中调用自己与调用其他方法的机制是相同的,只不过这种方式看起来似乎有些别扭,因为可能会认为在一个方法体中的代码都写完了之后,才可以在其他代码中去调用该方法。而在写递归方法时,该方法还未写完就调用了自己。但递归方法在一些场合是非常有用的,比如当我们希望遍历计算机的某个磁盘或某个文件夹时,递归就显得非常有效。不过在使用递归时也要注意,如果递归的层次结构很深的话,将会占用大量的内存,使得性能很低。

4.5   构造函数与析构函数

构造函数是一类特殊的方法,用于初始化类和创建类的实例。而析构函数与之相对,它包含的是在销毁类的实例时要执行的操作。构造函数若用于初始化类,则称为静态构造函数;若用于创建和初始化类的实例,则称为实例构造函数。

4.5.1 实例构造函数

实例构造函数用于创建和初始化实例。在任何时候,只要创建了一个类新的实例,编译器就会自动地调用实例构造函数。

实例构造函数的声明格式如下:

［访问修饰符］类名(参数列表)
{
    //构造函数实现代码
}

从以上代码可以看出,构造函数看起来和类中其他的方法很像,但构造函数有以下不同点:

　　(1) 构造函数名称必须与类名相同,并且一个类可以有一个或多个构造函数。若在一个类中设计多个构造函数,由于构造函数的名称都相同,因此需要注意构造函数的重载形式。

　　(2) 构造函数不能有返回值。注意不能有返回值和没有返回值(返回值为 void)的区别。

　　构造函数可以像普通方法一样声明参数,用来辅助对象的初始化工作。

【例 4-12】　声明读者类 Reader 的构造函数。

```
//4-12.cs
//读者类
class Reader
{
    public string readerID;         //实例字段:读者证号
    public string readerName;       //实例字段:读者姓名
    public int readerAge;           //实例字段:读者年龄

    //无参构造函数
    public Reader()
    {
        Console.WriteLine("构造函数被调用执行");
    }

    //带参构造函数
    public Reader(string id,string name)
    {
        readerID = id;
        readerName = name;
        Console.WriteLine("带参构造函数被调用执行"
            + "\n读者证号:" + readerID + "\t读者姓名:" + readerName);
    }
}

//启动类
class _4_12
{
    static void Main(string[] args)
    {
        Reader reader = new Reader();
        Reader reader1 = new Reader("S0001","Tony");
    }
}
```

例 4-12 的运行结果如图 4-21 所示。

在例 4-12 中，为 Reader 类添加了两个构造函数，一个不带参数的构造函数和一个带两个参数的构造函数。在创建 Reader 的实例 reader 和 reader1 时，系统会自动根据构造函数的重载形式对相应的构造函数进行调用，从而实现对实例的初始化。

图 4-21　例 4-12 运行结果

4.5.2　this 关键字

this 关键字有两个作用：一是利用 this 表示当前实例，从而引用其成员；二是在声明构造函数时，用来调用自身的构造函数。

1. 用 this 访问实例成员

考虑 4.5.1 节中带有两个参数的构造函数：

```
public Reader(string id,string name)
{
    readerID = id;
    readerName = name;
    Console.WriteLine("带参构造函数被调用执行"
        + "\n 读者证号:" + readerID + "\t 读者姓名:" + readerName);
}
```

假如构造函数的形参声明如下：

```
public Reader(string readerID,string readerName)
```

则形参的名称就和类中声明的字段名称相同，此时就会出现问题，比如我们使用赋值语句"readerID＝readerID;"进行赋值时，系统将会把这两个 readerID 都识别为形参，而不会把赋值表达式左边的 readerID 当做字段来处理，这个问题可以使用 this 关键字解决。

this 关键字在类中使用，表示对当前实例的引用。用 this 指代类的当前实例，可以用于区分实例成员与其他同名变量。因为是引用的当前实例，因此 this 只能出现在实例函数成员中，而不能用在静态函数成员中。

以上构造函数可以改为如下形式：

```
public Reader(string readerID,string readerName)
{
    this.readerID = readerID;
    this.readerName = readerName;
}
```

由于使用了 this 表示的是类的当前实例对象，因此系统会把"this. readerID"中的

readerID 识别为实例字段,而赋值表达式右边的 readerID 识别为形参,从而消除了歧义。

2. 调用自身构造函数

我们可以在声明构造函数时,用 this 关键字来调用自身的其他构造函数,一般格式如下:

```
[访问修饰符] 类名(参数列表):this(参数列表)
{
    //构造函数实现代码
}
```

当调用该构造函数时,会首先执行该类中与"this(参数列表)"中参数列表相匹配的构造函数。

【例 4-13】 调用自身构造函数。

假如要为 Reader 类增加一个带有 3 个参数的构造函数,用来初始化读者实例的读者证号、读者姓名和读者年龄,我们可以声明一个如下的构造函数:

```
public Reader(string id,string name,int readerAge)
{
    readerID = id;
    readerName = name;
    this.readerAge = readerAge;
}
```

这种做法是没有问题的,只是让代码显得不够简洁,重复实现了相同的功能。因为该构造函数的功能只是在构造函数 public Reader(string id,string name)的基础上,增加了对读者年龄进行初始化的功能而已。因此可以在定义新的构造函数时使用 this 关键字调用 public Reader(string id,string name)这个构造函数。实现代码如下:

```
//4-13.cs
//读者类
class Reader
{
    public string readerID;          //实例字段:读者证号
    public string readerName;        //实例字段:读者姓名
    public int readerAge;            //实例字段:读者年龄
    public Reader(string id,string name)
    {
        readerID = id;
        readerName = name;
        Console.WriteLine("带参构造函数被调用执行");
    }
    //用 this 调用上面有两个参数的构造函数
    public Reader(string id,string name,int readerAge):this(id,name)
```

```
    {
        this.readerAge = readerAge;
        Console.WriteLine("读者证号:" + readerID + "\t 读者姓名:" + reader-
        Name + "\t 读者年龄:" + readerAge);
    }
}


//启动类
class _4_13
{
    static void Main(string[] args)
    {
        Reader reader = new Reader("S0001","Tony" ,20);
    }
}
```

例 4-13 的运行结果如图 4-22 所示。

图 4-22　例 4-13 运行结果

从运行结果可以看出,当使用语句"new Reader("S0001","Tony",20)"初始化读者实例时,会根据参数列表匹配调用具有 3 个参数的构造函数"public Reader(string id,string name,int readerAge):this(id,name)",由于该构造函数使用 this 关键字又调用了自身的构造函数"public Reader(string id,string name)",因此会首先用实参"S0001"和"Tony"初始化读者的读者证号和读者姓名,然后再用"20"初始化读者的年龄。

4.5.3　默认构造函数

在例 4-2 中,声明的类 Reader 中并没有为其添加构造函数,但在使用语句"new Reader()"创建类 Reader 的实例时,仍然能够正确运行。这是因为当在声明一个类时如果未声明任何实例构造函数,则编译器会自动给该类提供一个默认构造函数,以便该类可以实例化。

默认构造函数除了方法名与类名相同并且没有返回值以外,还有以下特征:

(1) 不带参数。

(2) 方法体为空。

如类 Reader 的默认构造函数如下:

```
class Reader
{
```

```
    public Reader()
    {
    }
}
```

如果在类中定义了一个或多个实例构造函数,那么编译器将不会为该类定义默认构造函数。

比如在类 Reader 声明如下:

```
class Reader
{
    public Reader(int readerAge) //实例构造函数
    {
    }
}
class Program
{
    static void Main(string[] args)
    {
        Reader reader = new Reader (); //错误
    }
}
```

在类 Reader 中已经存在一个实例构造函数,因此编译器不会再为 Reader 创建默认构造函数。但主函数中试图用不带参数的构造函数为类 Reader 实例化一个对象 reader,由于 Reader 中没有不带参数的构造函数,所以编译器会产生一条错误信息。

4.5.4 静态构造函数

静态构造函数用于初始化静态数据成员,或用于执行仅需执行一次的特定操作。在创建第一个实例或引用任何静态成员之前,将自动调用静态构造函数。

实例构造函数用来创建和初始化类的新实例,在每一次生成一个新的类实例时,相应的实例构造函数都会被调用。然而类中的有些字段并不需要每生成一个实例时都需要初始化一次,相反地,某些数据只需要执行一次特定的初始化,这就需要使用静态构造函数。

静态构造函数具有以下特点:

(1)静态构造函数不能使用访问修饰符。

(2)静态构造函数没有参数。

(3)在创建第一个实例或引用任何静态成员之前,将自动调用静态构造函数来初始化类。

(4)无法直接调用静态构造函数。

以下代码为 Reader 类定义静态构造函数,用来初始化类的成员。

```
class Reader
```

```
{
    public static int readerCount;          //注册的读者人数
    static Reader()                         //不能使用访问修饰符,没有参数
    {
        readerCount = 1000;
    }
}
```

以上代码在 Reader 类定义了一个静态构造函数,用来初始化静态成员 readerCount,它不能被显式调用。

4.5.5 析构函数

析构函数主要用于执行销毁类的实例时需要的操作,并且释放其所占用的内存。和构造函数相同的是,析构函数的名称也与类名一样,不过在析构函数的名称前要加上"～"符号。除此之外,析构函数还具有以下特征:

(1) 每个类只能声明一个析构函数。

(2) 析构函数没有参数。

(3) 析构函数不能有访问修饰符,也不能用 static 关键字修饰。

(4) 析构函数不能被显式的调用。它何时被调用是由.NET 的垃圾回收机制所决定的。当确定该实例不被程序的任何位置所使用时,析构函数被自动调用。

【例 4-14】 为类 Reader 增加析构函数。

```
//4-14.cs
//读者类
class Reader
{
    static Reader()          //静态构造函数
    {
        Console.WriteLine("静态构造函数被调用");
    }
    public Reader()          //实例构造函数
    {
        Console.WriteLine("实例构造函数被调用");
    }
    ～Reader()               //析构函数
    {
        Console.WriteLine("析构函数被调用");
    }
}
```

```
//启动类
class _4_14
{
    static void Main()
    {
        Reader reader = new Reader();     //实例被创建,静态构造函数和实例构
                                           造函数被先后调用

    }                                      //程序结束,实例不被引用,析构函数
                                           被调用

}
```

例 4-14 的运行结果如图 4-23 所示。

图 4-23　例 4-14 运行结果

从例 4-14 运行结果可以看出,构造函数和析构函数的调用规则:(1)静态构造函数和析构函数都未被显式调用,而是自动调用。静态构造函数是在创建第一个实例时就会被自动调用,而析构函数是当实例不再被程序中任何位置所引用时被自动调用;(2)实例构造函数需要被显式调用;(3)调用的顺序为:静态构造函数、实例构造函数、析构函数。

4.6　属　性

4.6.1　常规属性

在类中,可以定义一些能被外部代码读取或者修改的数据成员(使用 public 关键字修饰),正如在声明读者类 Reader 时,采用了如下声明:

```
class Reader
{
    public string readerName;
    public int readerAge;
}
```

有了以上类的声明,就可以创建该类的实例,并对它的数据成员进行读取和修改:

```
Reader Tony = new Reader();
Tony.readerName = "Tony";
Tony.readerAge = 20;
```

这种做法理论上是没有任何问题的,但是却不建议使用这种方法,因为它没有很好地

实现类的封装性。由于字段被声明成为公有的,因此在类的外部代码中就可以没有任何限制地去读取和修改这些字段,从而破坏了对象的状态。比如下面的做法:

Tony.Age = -5; //显然一个人的年龄不可能是负数

基于上述理由,建议在设计类时,不要将字段的访问权限设为公有 public 的方式,而是设为私有 private 的方式,或者至少是被保护 protected 的方式。然后再声明一系列的公有方法,提供给外部代码对类的字段进行读取或修改。比如对前面的类进行改写:

```
class Reader
{
    private string readerName;          //私有字段:读者姓名
    private int readerAge;              //私有字段:读者年龄

    public string GetReaderName ()      //公有方法,读取私有字段 readerName
    {
        return readerName;
    }
    public void SetReaderName(string value)//公有方法,修改私有字段 readerName
    {
        readerName = value;
    }
    public int32 GetReaderAge()          //公有方法,读取私有字段 readerAge
    {
        return readerAge;
    }
    public void SetReaderAge(int32 value) //公有方法,修改私有字段 readerAge
    {
        if (value <= 0 || value>0)
        {
            Console.WriteLine("年龄必须介于 0~120 之间");
            return;
        }
        readerAge = value;
    }
}
```

对于这个改进的类的声明,我们就可以以一种安全的方式对类的字段进行访问,比如修改年龄:

r.SetReaderAge (20); //修改成功
r.SetReaderAge (-5); //提示错误

这样做虽然解决了问题,但是这种做法需要编写更多的代码。假如类的字段比较多的话,就会使类的声明变得很烦琐。C#语言为我们提供了一种更加简洁的方式来实现这一功能——属性。我们可以通过对属性来实现对私有字段的访问。属性的定义格式如下：

```
［访问修饰符］数据类型 属性名
{
    ［get｛//方法体｝］
    ［set｛//方法体｝］
}
```

属性的声明头部和字段的声明类似，只是由于属性是提供给外部访问该类私有成员的"窗口"，因此属性的访问权限一般定义成为公有（public）的。一个属性的内部可以包含一个 get 代码段和一个 set 代码段，称为 get 访问器和 set 访问器。属性中必须至少要包含一种访问器。

get 访问器本质上是一个具有属性类型返回值的无参数的方法。在方法体内提供读取相关私有字段的代码。由于需要一个具有属性类型返回值，因此在 get 访问器中一定要用 return 语句返回一个可隐式转换为属性类型的值。当在类外部使用表达式中引用一个属性时，将会自动调用 get 访问器中的代码。

set 访问器实质上是一个无返回值、带有一个属性类型参数的方法。在方法体内提供设置相关私有字段的值的代码。与普通方法不同的是，set 访问器没有显式的形参，而是在 set 访问器中隐式包含一个名为 value 的局部变量作为形参，为属性进行赋值的"新值"作为实参传递给形参 value。当在类外部使用表达式给一个属性进行赋值时，将会自动调用 set 访问器中的代码。

使用属性除了让代码简洁一些以外，属性的访问方式也比较特别，虽然属性本质上是方法，但我们可以像访问字段的方式一样来访问属性：

```
对象名.属性名
```

【例 4-15】　为 Reader 类添加常规属性。

```
//4-15.cs
//读者类
class Reader
{
    private string readerName;        //私有字段:读者姓名
    private int readerAge;            //私有字段:读者年龄
    public string ReaderName          //常规属性,用来读写私有字段 readerName
    {
        get{return readerName;}
        set{readerName = value;}
    }
    public int ReaderAge              //常规属性,用来读写私有字段 readerAge
    {
        get { return readerAge; }
```

```
        set
        {
            if (value>1 && value<120)
                readerAge = value;
        }
    }
}

//启动类
class _4_15
{
    static void Main(string[] args)
    {
        Reader Tony = new Reader();
        Tony.ReaderName = "Tony";
        Tony.ReaderAge = 20;
        Console.WriteLine("读者姓名:" + Tony.ReaderName);
        Console.WriteLine("读者年龄:" + Tony.ReaderAge);
    }
}
```

例 4-15 的运行结果如图 4-24 所示。

图 4-24 例 4-15 运行结果

在例 4-15 中,Reader 类的内部声明了两个常规属性,并在常规属性的内部分别提供了 get 和 set 访问器,用来对两个相应的私有字段进行读和写。在主函数中,当通过语句"Tony.ReaderName="Tony";"为属性 ReaderName 进行赋值时,会将新值"Tony"作为实参传递给 set 访问器中的 value,并自动调用其 set 访问器中的代码,最终实现对私有字段 readerName 的修改。当通过表达式"Tony.ReaderName"读取属性 ReaderName 值的时候,将自动调用其 get 访问器中的代码,并将得到的返回值作为属性 ReaderNamed 的值。另一个常规属性 ReaderAge 的读和写也是如此。

4.6.2 自动属性

在 C#3.0 中,引用了自动属性,它可以使我们编写的代码更加简洁。

当属性访问器中只需要完成最简单的逻辑:简单的返回私有字段的值和将新值赋值给私有字段。

```
get{ return 私有字段的值;}          //直接返回私有字段的值
set{ 私有字段的值 = value;}          //直接将 value 的值赋值给私有字段
```

我们就可以使用自动属性。使用自动属性时,可以不用声明与属性相关联的私有字段,另外不用提供属性访问器的方法体,直接用一个分号代替即可。比如我们将例 4-15 中 Reader 类的代码修改如下:

```
class Reader
{
    public string ReaderName{ get; set;}      //自动属性:读者姓名

    private int readerAge;                    //私有字段:读者年龄
    public int ReaderAge                      //常规属性:读者年龄
    {
        get { return readerAge; }
        set
        {
            if (value>1 && value<120)
                readerAge = value;
        }
    }
}
```

在上面的代码中,使用了自动属性 ReaderName。对于该属性,编译器将为它自动创建一个私有的匿名后备字段,该字段只能通过属性的 get 和 set 访问器进行访问。

因此对于读者年龄 ReaderAge 不能使用自动属性,因为在 ReaderAge 中的 set 访问器中,并不是简单地将新值通过 value 赋值给私有字段,而是需要进行稍微复杂的逻辑判断。

4.6.3　只读与只写属性

在类中的有些字段只能读取它的值,而不能修改。还有些字段可能只能修改而不能进行读取。因此可以在属性中只包含 get 访问器或只包含 set 访问器,从而实现只读属性和只写属性。

只读属性非常常见,比如一些由计算得到的数据通常情况下都是只读属性。因为它们的值不能随便设置,只能通过其他字段计算得到,否则就会产生数据不一致的情况。比如通过出生日期得到年龄、通过半径得到面积等。如以下代码所示:

```
class Reader
{
    private DateTime bornDate;           //私有字段:出生日期
    public int Age                       //只读属性:年龄。根据出生日期计算得
                                         //  到读者年龄
```

```
        {
            get { return DateTime.Today.Year-bornDate.Year; }
        }
    }
    class Circle
    {
        const double PI = 3.14;           //常量 π
        private double r;                 //半径 r
        public double Area                //只读属性,计算得到圆的面积
        {
            get { return PI * r * r; }
        }
    }
```

自动属性必须同时声明 get 和 set 访问器。若要创建只读自动实现属性,只能通过在 set 访问器前加 private 关键字修饰来实现。如以下只读自动属性的声明:

```
    public string ReaderName{ get; private set;}        //只读自动属性
```

4.7　索　引　器

在 4.6 节中,属性的访问器方法不接受任何参数,对属性的访问方式很类似于对字段的访问方式。在 C#程序中,除了这种类似于字段的属性外,还支持访问器接受一个或者多个参数的属性——索引器。比如在类型 String 中就定义了一个索引器,它接受一个 Int32 类型的参数 index,允许我们得到一个字符串中处于 index 位置的单个字符。例如:

String Str = "abcd";

则表达式 Str[0]就是取出字符串 str 中的第一个字符元素"a",这种访问方式非常清楚,也很自然。我们也可以在一个类中声明一个索引器,与属性相同,它也可以包含一个 get 访问器方法和一个 set 访问器方法,但是声明的头部有所不同:

(1) 名称要用 this 关键字。

(2) 包含参数,并且参数用一对方括号"[]"括起来。索引器可以用类似访问数组的语法来访问它,格式如下:

对象名[实参];

【例 4-16】　声明一个读者列表类,并为其添加索引器,用来访问器中的读者对象。

```
//4-16.cs
//读者类
class Reader
{
    public string ReaderID { get; set; }          //常规属性:读者证号
    public string ReaderName { get; set; }        //常规属性:读者姓名
```

```
    public Reader(string id,string name)          //构造函数
    {
        ReaderID = id;
        ReaderName = name;
    }
}

//读者列表类
class ReaderList
{
    private Int32 readerCount;                     //读者的人数
    private Reader[] readerArray;                   //用来存放读者对象的数组
    public ReaderList(Int32 readerNum)             //构造函数
    {
        readerCount = readerNum;                    //得到读者数量
        readerArray = new Reader[readerCount];     //初始化内部数组
    }

    public Reader this[Int32 i]                     //索引器声明
    {
        get{ return readerArray[i];}                //返回第 i 个读者信息
        set{ readerArray[i] = value;}               //修改第 i 个读者信息
    }
}

//启动类
class _4_16
{
    static void Main(string[] args)
    {
        //用带参构造函数初始化读者列表类
        ReaderList rList = new ReaderList(3);
        //声明 3 个读者实例
        Reader r0 = new Reader("R0001","Tony");
        Reader r1 = new Reader("R0002","Rose");
        Reader r2 = new Reader("R0003","Jack");
        //调用索引器的 set 访问器方法加入 3 位读者信息
        rList[0] = r0;
```

```
        rList[1] = r1;
        rList[2] = r2;
        Console.WriteLine("读者列表中有 3 位读者:");
        for (Int32 i = 0; i<3; i++)
        //调用索引器的 get 访问器方法读取 3 位读者信息
        Console.WriteLine("读者证号:" + rList[i].ReaderID + "读者姓名:" + rL-
        ist[i].ReaderName);
    }
}
```

例 4-16 的运行结果如图 4-25 所示。

图 4-25　例 4-16 运行结果

在例 4-16 中,类 ReaderList 的索引器接受一个 Int32 类型的参数 i。如果未声明索引器,那么要取得第 i 个读者对象信息,需要使用表达式"rList. readerArray[i]"(需将数组 readerArray 声明成为 public),而有了索引器,则使用"rList[i]"即可。这种方式更加简洁,也更加直观。

索引器都必须至少有一个参数,也可以有多个。这些参数(以及返回值)可以为任何类型。并且在一个类中,可以定义多个重载的索引器,只要它们的参数个数或参数类型不同即可。比如在例 4-16ReaderList 类中,还可以再定义一个按读者证号来获取读者信息的索引器:

```
public Reader this[string readerID]   //按照读者证号来索引读者对象
{
    get
    {
        for (Int32 i = 0; i<readerCount; i++)
        {
            if (readerArray[i].ReaderID == readerID)
                return readerArray[i];
        }
        return null;
    }
}
```

在调用时,就可以用表达式"rList["R0003"]"来得到读者证号为 R0003 的读者对象。

4.8 命名空间

4.8.1 为什么要使用命名空间

在设计类的过程中,不可避免类的名称会出现相同的情况。然而在一个应用程序中出现同名的类(若不使用命名空间)是不允许的,编译器会报错:"命名空间'xxx'已经包含了 Tony 的定义",代码所示如下:

```
class Tony{}
class Tony{}
```

上述代码中,创建了同样的两个同名的类 Tony。这就如同一个班级中存在两个同名的同学 Tony,在点名时(在其他地方通过类名来引用类 Tony,比如实例化一个 Tony 的对象),就不知道具体点的是哪一个 Tony,这时问题就出现了。

也许用户会有这样的疑惑:在设计类的时候注意不出现相同类名的类不就可以了?问题在于,可以保证在自己的程序当中不出现同名的类,但是稍微复杂一点的系统都是由团队(多个开发人员)来完成的,保证其他的开发人员设计的类一定不会与自己的类同名吗?当然,可以在开发团队内部进行类名命名的规则约定,从而避免类名相同的情况。但是在实际的开发中,我们的系统还可能会用到一些开源的或是商业的组件,这些组件中的类也很有可能与该类同名,这个时候问题就又出现了。仿佛一个简单的类名问题始终在困扰着我们,然而使用命名空间可以解决此类难题。

命名空间可以把类进行分组,并给它们一个名称,称为命名空间名称。命名空间名称应该体现命名空间的内容并和其他命名空间名称相区别。可见,命名空间起到了划分类、区分类的作用。

避免类同名是使用命名空间的最重要的原因。同时,如果使用命名空间对众多的类进行合理地划分,则可以极大地提高代码的可读性和维护性,即使系统中没有同名类。

看看如何用命名空间的思想去类比解决班内同名问题:如果在分班(划分类)时,将两个 Tony(类)分别放到不同的班级(命名空间)中,并且分别给班级一个名称(命名空间名称):一班、二班,那么在进行点名(引用类)时,一班的 Tony 和二班的 Tony 就不会混淆了。

4.8.2 创建和使用命名空间

程序开发中,创建和良好地使用命名空间,对开发和维护都是有利的。在.NET 类库中对定义命名空间使用关键字 namespace,语法格式如下:

```
namespace 命名空间名称
{
    //类的声明
}
```

同样,命名空间成员也通过"."号访问:

命名空间名称.类名

示例代码如下：

```
namespace ClassRoom1          //命名空间：一班
{
    public class Tony{ }
}
namespace ClassRoom2          //命名空间：二班
{
    public class Tony{ }
}
```

引用类时通过命名空间名称进行限定，比如访问一班的 Tony 类的代码如下：

ClassRoom1. Tony

命名空间还可以嵌套，可以创建两层或多层命名空间。这样可以使众多的类有合理的层次。我们将之前的例子进行一些变动：假如之前的分班是大一的两个 Tony，一年过去了，大一新生又有一个 Tony 入校，被分入一班，我们能否简单地把他放到命名空间 ClassRoom1 呢？显然不可以，否则引用时，一班的 Tony 就指代不明确，这个一班的 Tony 是指大一的还是大二的？可以使用嵌套的命名空间解决这一问题。

嵌套的命名空间是指在一个命名空间中嵌套一个子命名空间，从而进一步划分命名空间。嵌套的命名空间有两种声明方式：

（1）原文嵌套：把命名空间的声明放在一个封装的命名空间声明体内部。

```
namespace 命名空间名称
{
    namespace 子命名空间名称
    {
        //类的声明
    }
}
```

（2）分离嵌套：在声明时通过使用完全限定名称给命名空间命名。

```
namespace 命名空间名称
{
    //类的声明
}
namespace 命名空间名称.子命名空间名称
{
    //类的声明
}
```

以上两种做法都能实现在"命名空间名称"中嵌套"子命名空间名称"。这两种做法是等价的，只是表现形式不同，如以下代码所示：

```
namespace Grade1              //命名空间:大一
{
    namespace ClassRoom1      //命名空间:一班
    {
        public class Tony { }
    }
}
namespace Grade1.ClassRoom1   //与上面的声明等价
{
    public class Tony { }
}
```

如果是嵌套命名空间,同样用"."号体现命名空间之间的嵌套关系。比如访问大一一班的 Tony 类的代码如下:

```
Grade1.ClassRoom1.Tony
```

4.8.3 using 指令

使用完全限定名引用命名空间会使代码变的冗长,因为命名空间的嵌套结构可能会有很多级。为了简化代码,可以使用 using 指令。正如在 C♯ 代码文件顶端看到的指令:using System。

经常使用的一个类 Console 在 System 这个命名空间下,但是在调用 Console 类的方法 WriteLine 时,并没用 System.Console.WriteLine(),而是省略了命名空间 System 的限定。之所以能够这么做,是因为在代码顶端添加了 using System 指令。

using 指令的语法格式如下:

using 命名空间名称;

using 指令必须放在代码文件的顶端,在任何类型声明之前。

比如在之前的例子中通过 using 指令加入了对命名空间 Grade1.ClassRoom1 的引用:

```
using Grade1.ClassRoom1;
```

在调用该命名空间中的类 Tony 时,就可以省略命名空间直接调用:

```
Tony t = new Tony();
```

由于我们可以在代码文件中添加多个 using 指令引用多个命名空间,加入这些命名空间中存在同名类时,仍要使用完全限定名来引用该类。比如通过 using 指令同时引用命名空间 Grade1.ClassRoom1 和 Grade2.ClassRoom1:

```
using Grade1.ClassRoom1;
using Grade2.ClassRoom1;
```

由于这两个命名空间中都有 Tony 这个类,因此在引用时要具体指出是引用哪个命名空间下的 Tony:

```
Grade1.ClassRoom1.Tony t = new Grade1.ClassRoom1.Tony();
Grade2.ClassRoom1.Tony t = new Grade2.ClassRoom1.Tony();
```

using 指令除了可以引入命名空间外，还可以为命名空间或类设置别名。如通过下列语句：

```
//分别为两个 Tony 类设置别名
using Tony1 = Grade1.ClassRoom1.Tony;
using Tony2 = Grade2.ClassRoom1.Tony;
//分别为两个 Grade1.ClassRoom1 和 Grade2.ClassRoom1 命名空间设置别名
using G1C1 = Grade1.ClassRoom1;
using G2C1 = Grade2.ClassRoom1;
```

在之后的代码中，就可以用该别名代替原类名或命名空间名了。可见对于命名空间嵌套较多的情况，这种起别名的方式是很实用的。

4.9 分 部 类

通常情况下，我们会把一个类的源代码放在一个单独的类文件（.cs 文件）中。但若一个类的代码较多，内部的逻辑功能也比较复杂的话，可以使用 partial 修饰符将类的声明分割成多个部分放在不同的类文件中。代码如下所示：

```
//类文件 PartialA.cs
partial class PartialClass
{
    public int fieldA;
    public void MethodA()
    {
    }
}
//类文件 PartialB.cs
partial class PartialClass
{
    public int fieldB;
    public void MethodB()
    {
    }
}
```

以上的两段代码分别写在两个 cs 文件中，它们等同于在单个 cs 文件中的以下声明：

```
class PartialClass
{
    public int fieldA;
    public void MethodA()
    {
    }
```

```
        public int fieldB;
        public void MethodB()
        {
        }
    }
```

在声明分部类时,需要注意以下几点:

(1) 将一个类分割成多个分部类时,声明的分部类类名一定要相同。

(2) 分割后的分部类的声明可以分别放在多个 cs 文件中,也可以放在同一个 cs 文件中。

(3) 分部类的声明中,彼此之间不能出现重复的成员定义,因为它们最终将会合成一个类。如以下代码:

```
partial class PartialClass
{
    public int fieldA;
}
partial class PartialClass
{
    public int fieldA;        //提示错误:已经包含"fieldA"的定义
}
```

声明分部类除了可以让复杂的类的代码逻辑更加清晰之外,也更适合项目团队的协作开发和系统后期维护。比如要编写一个复杂的类,可将其进行逻辑划分,让不同的开发人员同时开发,编写各自的分部类,提高了开发效率。分部类可以提高系统维护性在于:当系统开发完成之后,若要增加类的功能时,可以新增一个分部类,在其中添加新的功能,而不用去修改之前的代码,从而避免了修改现有正确代码带来的一系列隐患。

值得注意的是,partial 并不是 C#程序中的关键字。可以在程序中声明该名称的变量或方法。但当 partial 用在关键字 class 之前时,它表示该类是一个分部类。

习 题

1. 简述类与对象的联系与区别,并举例说明。

2. 类可以有哪些数据成员和函数成员?并简述类的实例成员与静态成员的区别。

3. 基类中的字段通常使用什么类型的访问修饰符?为什么?

4. 类中常量与只读字段的相同点与不同点有哪些?并区分其使用场景。

5. 构造函数和析构函数各有什么作用?它们的调用方式有什么区别?调用顺序是什么?

6. 类中声明属性有什么作用?属性是类的数据成员还是函数成员?访问属性的方式是什么?

7. 方法的参数传递方式有哪些?这些传递方式之间有哪些具体的区别?并举例说明。

8. 为什么要使用命名空间？using 指令有什么作用？

9. 指出下列程序的错误之处：

```csharp
class A
{
    public void Method(ref int p1,out int p2)
    {
        Console.WriteLine("方法调用前两个参数的值为:" + p1 + "/" + p2);
        p1 = 1;
        p2 = 1;
    }
}
class Program
{
    static void Main(string[] args)
    {
        int a1,a2;
        A Ca = new A();
        Ca.Method(a1,a2);
    }
}
```

10. 构成重载的不同方法需要具有哪些特点？编写两个方法 Add,形成方法的重载：第一个方法包含两个整型参数,实现两个数的相加;第二个方法包含两个字符串参数,实现两个字符串的连接。并在主函数中测试两个重载方法的调用结果。

11. 一列数的规则如下:1,1,2,3,5,8,13,21,34,…求第 30 位数是多少,用递归算法实现。

（提示,递归回溯条件:$F(0)=0$;$F(1)=1$;递归过程:$F(n)=F(n-1)+F(n-2)$。）

12. 编写一个游泳运动员 Swimmer 类,用索引器来获取 Swimmer 对象中 50 m 蛙泳、50 m 蝶泳、50 m 自由泳的最好成绩。

13. 用面向对象的方法求矩形面积。要求编写一个矩形 Rectangle 类。数据成员有:长（Length）、宽（Width）。函数成员有:(1)构造函数,功能是给长和宽初始化。(2)成员函数 setLW(),功能是给长和宽赋值。(3)成员函数 Area(),功能是求出矩形的面积。在 main 函数中声明该类的对象,求出该对象的面积。

14. 创建一个车辆（Vehicle）类,数据成员有:Speed（速度）、MaxSpeed（最大速度）、Weight（重量）、Type（型号）函数成员有:行驶 Run()、停止 Stop()、显示车辆信息 Show VehicleInfo(),还需要编写两个构造函数,一个为无参数的构造函数;另一个为带两个参数的构造函数,两个参数分别用来初始化车辆对象的型号和重量。要求在主函数中分别用两个构造函数初始化车辆类的两个实例,并分别调用函数成员。（注意:函数成员中只需要指明当前函数被调用即可,比如在控制台打印出:车辆正在行驶等）

第 5 章 继承与多态

第 4 章讲述了如何通过声明类来创建新的类型,并介绍了类中常见的数据成员以及函数成员。在声明一个类时,如何从系统需求中识别出类的数据成员以及函数成员,是在设计类时需要重点考虑的问题。但类与类之间的关系并不是孤立无联系的,正如现实生活中的事物存在着相互的联系一样。如何在设计类时描述类之间的关系,是本章的主要内容。

本章将探求真实世界中的类之间的关系,以及如何用程序代码来描述这些关系。

5.1　继　　承

类并不是孤立存在的,一个类通常会和其他的一个或多个类相关,存在较多的两种关系为"has-a"关系和"is-a"关系。"has-a"表达的是一种"有一个"关系,一个类中可以包含或嵌入另一个类的对象。比如,在图书馆管理系统中,读者类(Reader)中可以包含一个图书类(Book)对象,表示读者当前借阅的图书;而"is-a"表达的是一种"是一个"关系,一个类是另一个类的一种类型。比如,当学生读者是一个读者时,是指它具备读者的一般特征,但同时它又有学生读者的独特特征。继承就是基于"is-a"关系。

要创建一个类,如果这个类和已存在的某个类存在一种逻辑上的继承关系,那么我们就可以通过继承来创建这个新类。通常我们将这个已存在的类称为基类(base class),而把得到的新类称为派生类(derived class),有时也称基类为父类,派生类为子类。

继承最大的好处在于:派生类通过继承可以得到基类中已声明的成员,避免了重复工作,并且可以带来其他的好处,比如多态等。

5.1.1　类继承

在声明类继承时,在派生类名称后放置一个冒号,然后在冒号后指定要继承的基类的名称。从基类得到派生类的语法格式如下:

```
class 派生类:基类
{
    //派生类的成员
}
```

若声明一个学生读者类 Student,则派生代码如下:

```
class Student:Reader
{
    //派生类的成员
}
```

说明：

（1）在 C#程序中，只支持单继承，也就是说一个类最多只能从一个基类直接派生。

（2）通过继承，派生类可以获取基类中除构造函数和析构函数之外的所有成员。基类的 public、internal、protected、internal protected 类型的成员将成为派生类的 public、internal、protected、internal protected 类型的成员。事实上，基类的 private 成员也被继承下来成为派生类的 private 成员，只不过在派生类中不能被访问。

（3）在派生类中也可以声明新的数据成员和函数成员，但不能移除从父类继承得到的成员。因此派生类中的成员包含两部分：从基类继承下来的所有非私有成员以及新声明的成员。

（4）在实现继承时，基类的访问权限不能小于派生类。如基类的访问权限是 internal，而派生类的访问权限是 public，这种声明方式则是错误的。

基类声明：

```
class c1{}
public class c2{}
```

派生类声明：

```
class c3:c1{}              //正确
class c4:c2{}              //正确
public class c5:c1{}       //错误
public class c6:c2{}       //正确
```

（5）继承可以传递。类 C2 继承于 C1，C2 得到 C1 的成员，如果类 C3 进一步继承于 C2，则 C3 将得到 C1 的成员以及 C2 中新声明的成员。

（6）类之间不能形成循环的继承关系。如下代码所示：

```
class c2:c1{}
class c1:c3{}
class c3:c2{}
```

5.1.2 访问继承的成员

在 5.1.1 节上已经说明，通过继承派生类中的成员包含两部分：从基类继承下来的所有成员以及新声明的成员。除了从基类继承得到的私有成员外，其他成员的访问方式与之前讲到的方法相同：静态成员通过类名访问，实例成员通过对象引用访问。

【例 5-1】 由读者类继承得到学生读者类，并访问其成员。

在第 4 章中，已经声明了读者类 Reader，它包括的数据成员有读者证号、读者姓名、读者年龄、所借图书列表，函数成员有显示读者信息、借书、还书、续借图书。

　　经过分析,发现学生读者类 Student 的数据成员除了所在班级,其他信息在 Reader 类中都已定义。而函数成员也与 Reader 类中相同。因此可以使用继承来声明学生读者类。

```csharp
//5-1.cs
//读者类
class Reader
{
    public string ReaderID {get;set;}        //自动属性—读者证号
    public string ReaderName {get;set;}       //自动属性—读者姓名

    private int readerAge;                     //私有字段—读者年龄
    public int ReaderAge                       //常规属性—读者年龄
    {
        get { return readerAge; }
        set
        {
            if (value>1 && value<120)
                readerAge = value;
        }
    }
    //显示读者相关信息
    public void Display()
    {
        Console.WriteLine(
                "读者证号:\t" + this.ReaderID +
                "\n读者姓名:\t" + this.ReaderName +
                "\n读者年龄:\t" + this.ReaderAge);
    }
}

//学生读者类 Student,继承于 Reader 类
class Student:Reader
{
    public string classRoom {get;set;}         //自动属性—所在班级
}

//启动类
class _5_1
```

```
{
    static void Main(string[] args)
    {
        Student stu = new Student();                //新建学生读者

        //访问继承得到的成员
        stu.ReaderID = "S0001";
        stu.ReaderName = "Tony";
        stu.ReaderAge = 20;
        stu.Display();

        //访问新定义的数据成员
        stu.classRoom = "计算机901";
        Console.WriteLine("所在班级:\t" + stu.classRoom);
    }
}
```

例 5-1 的运行结果如图 5-1 所示。

图 5-1　例 5-1 运行结果

在例 5-1 中,Student 类通过继承得到了 Reader 类的所有成员,包括函数成员 Display,并且在 Student 类中新声明了一个自动属性 classRoom,这些成员都能够被访问到。可见,继承使代码得到了复用,使我们用很少的代码就可以定义一个具有一定功能的类。

5.1.3　Object 类

Object 类是一个比较特殊的类,除了 Object 类之外,其他的所有类都最终继承于 Object 类,它是 C# 程序中类层次结构的根。假如声明一个类时,没有显式指定是派生于哪一个基类,那么编译器会让此类隐式地派生于 Object 类。

```
class Reader:System.Object{ }        //显式继承于 Object 类
class Reader { }                     //隐式继承于 Object 类
```

第一种方式采用继承的语法格式显式地继承了 Object 类;第二种方式没有显式继承某一个类,则会隐式地让该类继承于 Object 类。以上两种声明方式是等价的。

因为所有的类都最终继承于 Object 类,因此 Object 类提供了一些有关类的最基础的方法,使其他的类都可以继承使用这些方法,而不用重复定义(只列出了公有方法),如表 5-1 所示。

表 5-1　Object 类的公有方法

方法名称	描　述	静态方法/实例方法
ToString	生成描述类的实例的可读文本字符串	实例方法
GetType	返回该方法所属对象的类型	实例方法
GetHashCode	返回对象的值的散列码	实例方法
Equals	如果两个对象具有相同的值,返回 true	实例方法
ReferenceEquals	如果两个对象引用相同的实例,返回 true	静态方法

【例 5-2】　访问继承于 Object 类的方法。

```
//5-2.cs
//读者类,隐式继承于 Object 类
class Reader
{
}


//启动类
class _5_2
{
    static void Main(string[] args)
    {
        Reader r1 = new Reader();        //新建读者 r1
        Reader r2 = new Reader();        //新建读者 r2
        Console.WriteLine("调用 ToString()方法:" + r1.ToString());
        Console.WriteLine("调用 GetType()方法得到对象类型:" + r1.GetType());
        Console.WriteLine("调用 GetHashCode()方法得到散列码:" + r1.GetHashCode());
        Console.WriteLine("调用 Equals()方法判断当前对象是否和 r2 值相同:" + r1.
        Equals(r2));
        Console.WriteLine("调用 ReferenceEquals Equals()方法判断当前对象是否
        和 r2 值相同:" + object.ReferenceEquals(r1,r2));
        r2 = r1;
        Console.WriteLine("调用 Equals()方法判断当前对象是否和 r2 值相同:" +
        r1.Equals(r2));
        Console.WriteLine("调用 ReferenceEquals Equals()方法判断当前对象是否
        和 r2 值相同:" + object.ReferenceEquals(r1,r2));
    }
}
```

例 5-2 的运行结果如图 5-2 所示。

图 5-2　例 5-2 运行结果

在例 5-2 中,声明 Reader 类时,未给它添加任何的成员。但是在主函数中能够访问到
reader 对象的 4 个方法,显然这些方法是从 Object 类继承得到的,说明编译器自动让
Reader 类隐式继承了 Object 类。

在 C♯程序中,虽然只支持单继承,但是对于继承的层次却没有限制。也就是说一个
类继承于另一个类,这个类又继承于另一个类,直到最终的基类 Object。正如人类的继承
关系:儿子继承于父亲,父亲继承于爷爷,由此下去,直至追溯到人类的祖先。比如例 5-1
中的继承关系如图 5-3、图 5-4 所示。

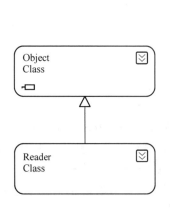

图 5-3　Reader 类的继承层次

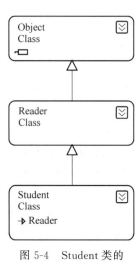

图 5-4　Student 类的
继承层次

5.1.4　派生类的构造函数

派生类的成员包含两个部分:从基类继承来的成员和派生类中新声明的成员,我们可
以声明派生类的构造函数来初始化新声明的数据成员;而在初始化从基类中继承的数据
成员时,由于派生类无法继承得到基类的构造函数,因此需要调用基类的构造函数。

1. 基类默认构造函数的隐式调用

当创建派生类的实例时,会自动调用基类的默认构造函数。

【**例 5-3**】　基类默认构造函数的自动调用。

```
//5-3.cs
//读者类
class Reader
{
    public Reader()
    {
        Console.WriteLine("基类 Reader 的默认构造函数被调用");
    }
}


//学生读者类 Student,继承于读者类 Reader
class Student:Reader
{
    public string classRoom {get;set;}        //自动属性—所在班级
    public Student()
    {
        Console.WriteLine("派生类 Student 的构造函数被调用");
    }
}


//启动类
class _5_3
{
    static void Main(string[] args)
    {
        Student stu = new Student();
    }
}
```

例 5-3 的运行结果如图 5-3 所示。

图 5-5　例 5-3 运行结果

对例 5-3 的补充说明：

（1）当创建派生类的对象时，系统会首先初始化派生类中的实例成员，然后调用基类的默认构造函数，最后再调用自身的构造函数。调用基类默认构造函数这一行为是由系统自动完成的,并未在例 5-3 的主函数中编写调用代码。

如图 5-6 所示,在初始化派生类对象 stu 时,会首先初始化实例字段 classRoom,给它

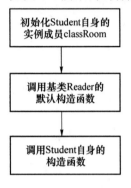

赋初值为空字符串(" "),然后会调用基类的默认构造函数。自动调用基类的默认构造函数的行为是一个递归过程,如果继承层次超过两层,仍然符合这个规则:比如有一个类的继承层次:A 继承于 B,B 继承于 C,C 继承于 D,则当创建 A 的对象时,会首先调用它的基类 B 的默认构造函数,然而 B 又继承于 C,因此又要调用 C 的默认构造函数又要优先于调用 B 的默认构造函数。以此类推,最终基类默认构造函数的调用先后顺序为:D→C→B,而 A 自身的构造函数在最后被调用。

图 5-6 派生类对象的创建过程

(2) 由于在自动调用基类构造函数时,是调用的默认的构造函数。若基类中不存在默认的构造函数,则编译器会报错,如下代码所示:

```csharp
class Reader
{
    public string ReaderID {get;set;}        //自动属性—读者证号

    //声明了带参构造函数,因此不会再自动生成默认构造函数
    public Reader(string id)
    {
        ReaderID = id;
    }
}

class Student:Reader
{
    public string classRoom {get;set;}        //自动属性—所在班级
    public Student()
    {
        Console.WriteLine("派生类 Student 的构造函数被调用");
    }
}
```

在第 4 章已经讲过,如果在基类 BaseClass 中声明了一个带参数的构造函数,那么系统并不会为它自动声明一个默认的构造函数。当我们再用语句"new Student()"初始化一个派生类对象时,就会去调用基类中的默认构造函数,但基类中并不存在该构造函数。编译器会报错:"Reader 不包含采用 0 个参数的构造函数"。

2. 基类构造函数的显式调用

在一个派生类中的构造函数可以显式地调用基类的构造函数,这对于调用基类中带

参数的构造函数非常有用。由于一个类中的构造函数通过方法的重载可以有多个,若要调用基类中带参数的构造函数,则需要用到 base 关键字和参数列表指明使用基类中哪一个构造函数。调用格式如下:

```
派生类构造函数声明:base(参数声明)
{
    //方法体
}
```

说明:

(1) 根据 base 关键字后的参数列表决定调用基类中哪一个具体的重载构造函数。

(2) 以下两种声明方式中,第一种方式是基类默认构造函数的隐式调用,第二种是基类默认构造函数的显式调用。两者等价:

```
public Student()            public Student():base()
{                           {
    //方法体                     //方法体
}                           }
```

【例 5-4】 调用基类带参构造函数。

```
//5-4.cs
//读者类 Reader
class Reader
{
    public string ReaderID {get;set;}        //自动属性—读者证号
    public string ReaderName {get;set;}      //自动属性—读者姓名

    //带参构造函数
    public Reader(string ReaderID,string ReaderName)
    {
        this.ReaderID = ReaderID;
        this.ReaderName = ReaderName;
        Console.WriteLine("基类 Reader 的带参构造函数被调用");
    }
}

//学生读者类 Student,继承于读者类 Reader
class Student:Reader
{
    public string ClassRoom {get;set;} //自动属性—所在班级

    //使用 base 关键字调用基类构造函数
```

```
public Student（string ReaderID，string ReaderName，string ClassRoom）:
base（ReaderID，ReaderName）
{
    this.ClassRoom = ClassRoom;
    Console.WriteLine("派生类的带参构造函数被调用");
}
}


//启动类
class _5_4
{
    static void Main(string[] args)
    {
        Student Stu = new Student("S0001","Hill","计算机 901");
        Console.WriteLine("读者证号:" + Stu.ReaderID +
                "\n 读者姓名:" + Stu.ReaderName +
                "\n 所在班级:" + Stu.ClassRoom);
    }
}
```

例 5-4 的运行结果如图 5-7 所示。

图 5-7　例 5-4 运行结果

在例 5-4 中，通过语句"new Student（"S0001"，"Hill"，"计算机 901"）"创建派生类对象时，会调用派生类构造函数"public Student（string ReaderID，string ReaderName，string ClassRoom）:base（ReaderID，ReaderName）"。调用时发现使用 base 关键字显示调用了基类带有两个参数的构造函数，因此实参"S0001"，"Hill"进一步被传递给"base（ReaderID，ReaderName）"中的两个形参，接着去调用基类中的形参构造函数"public Reader（string ReaderID，string ReaderName）"，实现对基类成员的初始化。

5.2　隐藏与重写

一旦通过继承，派生类就得到了基类所有成员。但并不是所有继承得到的成员都是适合派生类的，试考虑下面这种情况。

在图书馆管理系统中存在的继承关系:读者类是基类,学生读者和教师读者作为两个派生类。读者都具有借书这一行为。完成这一个行为,大致需要经过以下步骤(为节省篇幅未考虑借书前的判断,如该读者是否有欠款记录等):

(1) 设置这本书被借出的日期;

(2) 设置这本书应该归还的日期;

(3) 将该本书做为读者的当前所借图书;

(4) 将这本书的状态改为"已借出"。

在这 4 个步骤中,第 2 个步骤在学生读者和教师读者这两个派生类中的表现是不一致的,比如学生读者只能借 30 天,而教师读者可以借 60 天,从而导致还书日期计算方法不同。

在面向对象的软件系统中经常会遇到这种情况,如何做到"取其精华去其糟粕"? 在派生类中我们无法删除继承得到的这些成员,但 C♯ 程序为我们提供了其他的两种解决方法:声明新的成员隐藏基成员,或者可以重写虚拟的基成员。通过这两种方式,我们可以让派生类具有"自己的个性"。

5.2.1 隐藏基类的成员

使用隐藏,除了能够隐藏基类的函数成员外,还可以隐藏基类的数据成员。规则如下:

(1) 隐藏继承得到的数据成员:声明一个相同类型的数据成员,并使用相同的名称。

```
class BaseClass
{
    public string s = "基类字段";
}
class DerivedClass:BaseClass
{
    //通过定义该字段(与基类中的成员同名同类型),继承得到的基类字段 s 被隐藏
    public string s = "派生类字段";
}
```

(2) 隐藏继承得到的函数成员:声明一个带有相同签名(名称和参数列表)的函数成员。

```
class BaseClass
{
    public void Method()
    {
        Console.WriteLine("调用基类方法");
    }
}
class DerivedClass:BaseClass
```

```
{
    //通过定义该方法(与基类中方法具有相同签名),继承得到的基类方法 Method 被
       隐藏
    public void Method()
    {
        Console.WriteLine("调用派生类方法");
    }
}
```

通过上面的两种做法确实能够隐藏基类的成员,但是编译器会给出一个警告:"×××
×隐藏了继承的成员×××。如果是有意隐藏,请使用关键字 new"。因此如果要显式地
隐藏继承的基类成员,需要使用 new 修饰符来修饰要隐藏的成员。如下代码所示:

```
class DerivedClass:BaseClass
{
    //使用 new 关键字有意隐藏继承得到的基类成员
    public new void Method()
    {
        Console.WriteLine("调用派生类方法");
    }
}
```

派生类中新声明的成员与被隐藏的基类成员具有相同的名称,但同名的两个成员之
间是互不相关的,只不过是名字相同而已。当我们用派生类的对象访问该成员时,就访问
的是新声明的成员,而不是基类的成员,因为基类成员在派生类中已经被隐藏起来了(对
派生类对象引用不可见)。

接下来,在图书馆管理系统中实现读者借书行为。

【例 5-5】 使用 new 隐藏继承得到的基类成员。

```
//5-5.cs
// 枚举类型——图书状态
enum EBookStatus
{
    At Library,      //在馆
    Borrowed,        //借出
}


// 图书类 Book
class Book
{
    public string BookID {get;set;}             //自动属性—图书编号
    public string BookName {get;set;}           //自动属性—图书名称
```

```csharp
    public EBookStatus CurrentStatus {get;set;}   //自动属性—当前状态
    public DateTime BorrowDate {get;set;}          //自动属性—借出日期
    public DateTime ReturnDate {get;set;}          //自动属性—应还日期
}


//读者类 Reader
class Reader
{
    public string ReaderID {get;set;}          //自动属性—读者证号
    public string ReaderName {get;set;}        //自动属性—读者姓名

    public Book BorrowedBook {get;set;}        //自动属性—所借图书
    //显示读者相关信息
    public void Display()
    {
        Console.WriteLine("读者证号:\t" + this.ReaderID +
            "\n读者姓名:\t" + this.ReaderName +
            "\n所借图书信息:\n\t图书编号:" + this.BorrowedBook.BookID +
            "\n\t图书名称:" + this.BorrowedBook.BookName +
            "\n\t借书日期:" + this.BorrowedBook.BorrowDate.ToShortDateString() + "
            \n\t应还日期:" + this.BorrowedBook.ReturnDate.ToShortDateString());
    }
    //读者借书方法
    public void BorrowBook(Book book)
    {
        //借书日期为当天日期
        book.BorrowDate = DateTime.Today;
        //还书日期为借书日期后的 30 天
        book.ReturnDate = DateTime.Today.AddDays(30);
        //设置读者的当前所借图书
        this.BorrowedBook = book;
        //设置被借图书的状态为"已借出"
        book.CurrentStatus = EBookStatus.Borrowed;
    }
}


//学生读者类 Student,继承于读者类 Reader
class Student:Reader
```

```
{
    //学生读者的借书方法,使用了 new 关键字来隐藏基类方法
    public new void BorrowBook(Book book)
    {
        book.BorrowDate = DateTime.Today;
        //与基类实现的不同之处:还书日期为借书日期后的 60 天
        book.ReturnDate = DateTime.Today.AddDays(60);
        this.BorrowedBook = book;
        book.CurrentStatus = EBookStatus.Borrowed;
    }
}


//启动类
class _5_5
{
    static void Main(string[] args)
    {
        Book b = new Book();            //新建图书
        b.BookID = "B0001";
        b.BookName = "C 语言";

        Student Tony = new Student();   //新建读者
        Tony.ReaderID = "R0001";
        Tony.ReaderName = "Tony";
        Tony.BorrowBook(b);             //借书
        Tony.Display();                 //显示读者相关信息
    }
}
```

例 5-5 的运行结果如图 5-8 所示。

图 5-8　例 5-5 运行结果

在例 5-5 中，基类 Reader 中声明了一个借书方法 BorrowBook。通过继承，派生类 Student 得到了基类的这个函数成员。由于学生读者的借书行为与父类的借书行为有所不同，因此在派生类中使用 new 修饰符声明了相同签名的方法，使继承得到的基类方法就被隐藏起来。当用派生类的对象引用去调用借书方法时，就调用的是派生类中新声明的借书方法。

5.2.2 访问基类的成员

5.2.1 节中讲到，通过修饰符 new 可以将继承的基类成员隐藏。但有时需要在派生类中访问被隐藏的基类成员，我们可以使用 base 关键字。在第 4 章讲到了 this 关键字，它表示当前类的实例。base 关键字的用法与它类似，表示当前类的基类实例。使用格式如下：

base.实例成员名称

由于 base 指代的是实例，因此和 this 关键字一样，它只能引用实例成员而不能引用静态成员。

考虑在例 5-5 中父类与派生类的借书方法，我们发现 4 个步骤中只有 1 个步骤（设置还书日期）的实现代码是不同的，却在派生类中重复编写的另外 3 个步骤的语句。这样显示没有做到代码的复用，必将会带给期软件维护的复杂性。如何做到代码的复用呢？可以将相同的实现代码剔除出来作为基类中的借书行为，然后在派生类中的隐藏方法中调用基类的借书方法，最后为其添加新的行为。下面将基类中的借书方法修改如下：

```
public void BorrowBook(Book book)
{
    book.BorrowDate = DateTime.Today;
    book.CurrentStatus = EBookStatus.Borrowed;
    this.BorrowedBook = book;
}
```

然后在派生类的隐藏方法中，利用 base 关键字调用基类中的借书方法，最后添加新的行为。派生类中的借书方法被修改如下：

```
public new void BorrowBook(Book book)
{
    //利用 base 关键字调用基类中的借书方法
    base.BorrowBook(book);
    //添加新的行为，让派生类具有"自己的个性"
    book.ReturnDate = DateTime.Today.AddDays(60);
}
```

例 5-5 修改后的运行结果如图 5-9 所示。

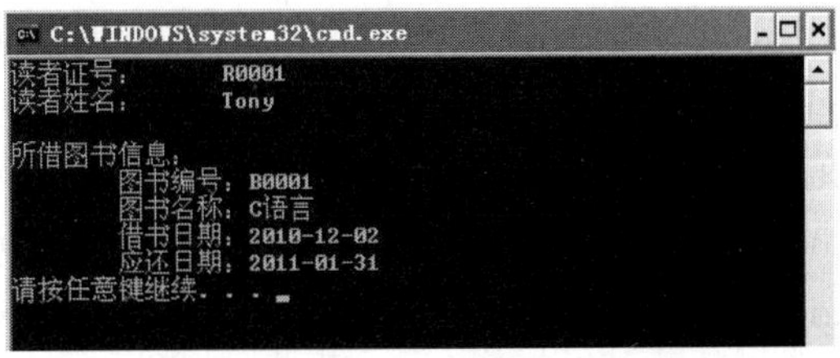

图 5-9 例 5-5 修改后的运行结果

5.2.3 重写基类的成员

为了使同一行为在子类中的表现不同,我们还可以将该行为声明成为虚方法,然后在子类中去重写它。

1. 虚方法

若一个实例方法的声明中含有 virtual 修饰符,则称该方法为虚方法。基类中的虚方法能在派生类中被重写。声明一个虚方法与普通方法的区别仅在于虚方法使用了 virtual 关键字修饰,声明格式如下:

访问修饰符　virtual　返回值类型　方法名称(参数列表)

比如声明一个虚方法:

```
public virtual void Method(){ }
```

说明:

(1) 访问修饰符不能使 private。因为声明虚方法的目的是为了在派生类中去重写它,若将它声明成为 private 的,那么在派生类中访问不到该方法,也就无法重写该方法。

(2) 虚方法不能是静态方法,只能是实例方法。

(3) 除了声明虚方法外,还可以用 virtual 修饰属性、索引器。这些虚拟成员都可以在派生类中重写,方式与虚方法相同。

2. 重写虚方法

在派生类中可以重写从基类继承的虚方法,重写虚方法要使用 override 修饰符。利用在派生类中重写虚方法,我们可以使同一种行为在派生类中的表现形式各不相同。

【例 5-6】 利用重写虚方法实现读者的借书行为。

```
//5-6.cs
// 枚举类型——图书状态
enum EBookStatus
{
    AtLibrary,        //在馆
    Borrowed,         //借出
}

// 图书类 Book
class Book
{
    public string BookID {get;set;}              //自动属性—图书编号
    public string BookName {get;set;}            //自动属性—图书名称
    public EBookStatus CurrentStatus {get;set;}  //自动属性—当前状态
    public DateTime BorrowDate {get;set;}        //自动属性—借出日期
    public DateTime ReturnDate {get;set;}        //自动属性—应还日期
}
```

```
//读者类 Reader
class Reader
{
    public string ReaderID {get;set;}      //自动属性—读者证号
    public string ReaderName {get;set;}    //自动属性—读者姓名

    public Book BorrowedBook {get;set;}    //自动属性—所借图书
    //显示读者相关信息
    public void Display()
    {
        Console.WriteLine("读者证号:\t" + this.ReaderID +
            "\n读者姓名:\t" + this.ReaderName +
            "\n所借图书信息:\n\t图书编号:" + this.BorrowedBook.BookID +
            "\n\t图书名称:" + this.BorrowedBook.BookName +
            "\n\t借书日期:" + this.BorrowedBook.BorrowDate.ToShortDateString() +
            "\n\t应还日期:" + this.BorrowedBook.ReturnDate.ToShortDateString());
    }

    //借书方法,是一个用 virtual 关键字修饰的虚方法
    public virtual void BorrowBook(Book book)
    {
        //借书日期为当天日期
        book.BorrowDate = DateTime.Today;
        //设置读者的当前所借图书
        this.BorrowedBook = book;
        //设置被借图书的状态为"已借出"
        book.CurrentStatus = EBookStatus.Borrowed;}
}

//学生读者类 Student,继承于读者类 Reader
class Student:Reader
{
    //在派生类中重写借书方法
    public override void BorrowBook(Book book)
    {
        base.BorrowBook(book);
```

```
        book.ReturnDate = book.BorrowDate.AddDays(60);
    }
}


//启动类
class _5_6
{
    static void Main(string[] args)
    {
        Book b = new Book();              //新建图书
        b.BookID = "B0001";
        b.BookName = "C语言";

        Student Tony = new Student();    //新建读者
        Tony.ReaderID = "R0001";
        Tony.ReaderName = "Tony";
        Tony.BorrowBook(b);              //借书
        Tony.Display();                  //显示读者相关信息
    }
}
```

例 5-6 的运行结果如图 5-10 所示。

图 5-10　例 5-6 的运行结果

5.3　引用类型转换

5.3.1　派生类与基类

　　任何派生类型都可以隐式地转换成为基类类型。我们已经知道,通过继承、派生类的实例成员由两部分组成:继承得到的基类成员以及派生类中新的成员。将派生类型通过赋值给基类类型,基类类型可以得到它全部的成员信息(包括私有成员),因此可以进行安全的类型转换。如在例 5-6 中,以下的语句是正确的:

```
Student s = new Student();
Reader r = s;
```

而将一个基类型转换为派生类型则需要进行显式转换,转换的方式如下:

(派生类型)基类对象

但派生类中可能会含有基类中没有定义的成员,因此这种转换通常会造成派生类信息的丢失,所以说这样的转换是不安全的(就算派生类中未定义新的成员也是如此)。一个显式的强制转换会迫使编译器接受从基类型到派生类型的不安全转换,这样的转换虽然不会提示编译时错误,但在运行时可能会抛出一个异常 InvalidCastException,如以下代码所示:

```
Reader r = new Reader();
Student s = (Student)r;
```

但如果该基类型本身就引用一个派生类的对象,则不会出现异常。如以下代码所示:

```
Student s = new Student();
Reader r = s;
Student s1 = (Student)r;
```

在上面的代码中,通过语句"Reader r＝s;"使基类对象 r 本身就引用了派生类的对象 s,因此再通过语句"Student s1＝(Student)r;"将其转化成为派生类对象时不会出现异常。

5.3.2 is 运算符

前面讲过,当我们把一种类型转换成为另一种类型的话,有可能会失败,抛出一个InvalidCastException异常,比如试图将一个基类型转换成它的派生类型。虽然它不是一个错误,但我们仍希望避免这种情况的发生。能否在进行类型转换之前先检查一下是否能够安全的转换呢? 答案就是使用 is 运算符。语法格式如下:

对象 is 目标类型

is 运算符用来检查对象是否与给定类型兼容。如果所提供的对象可以强制转换为所提供的类型而不会导致引发异常,则 is 表达式的计算结果将是 true,否则为 false。

【例 5-7】 使用 is 运算符验证类型间转换。

```
//5-7.cs
//读者类
class Reader{}

//类 Student 继承于 Reader
class Student:Reader{}

//启动类
```

```
class _5_7
{
    static void Main(string[] args)
    {
        Reader reader = new Reader();
        Student student = new Student();
        string str = "hello";
        IsTest(reader);
        IsTest(student);
        IsTest(str);
    }

    private static void IsTest(object obj)
    {
        if (obj is Student)
        {
            Student s = (Student)obj;
            Console.WriteLine("该对象与 Student 类型兼容,能进行转换");
        }
        else
            Console.WriteLine("该对象与 Student 类型不兼容,不能进行转换");

        if(obj is Reader)
        {
            Reader r = (Reader)obj;
            Console.WriteLine("该对象与 Reader 类型兼容,能进行转换");
        }
        else
            Console.WriteLine("该对象与 Reader 类型不兼容,不能进行转换");

        Console.WriteLine();
    }
}
```

例 5-7 的运行结果如图 5-11 所示。

从运行结果来看,我们可以将派生类型安全地转换为基类类型,而将基类类型转换为派生类型时则可能会出现问题。当然,若将无继承关系的其他类型,如此例中的 string 类型,是不能转换为 Student 或 Reader 类型的。

图 5-11 例 5-7 运行结果

5.3.3 as 运算符

as 运算符用于在兼容的引用类型之间执行转换，as 运算符类似于强制转换操作。但是，如果无法进行转换，则 as 返回 null 而非引发异常，如果能转换则返回转换结果。注意，as 运算符只执行引用转换和装箱转换，as 运算符无法执行其他转换。语法格式如下：

对象 as 目标类型
它等效于以下语句：
if(对象 is 目标类型)
    对象 =（目标类型）对象
else
    对象 = null；

【例 5-8】 使用 as 运算符进行类型转换。

```
//5-8.cs
//读者类 Reader
class Reader{}

//学生读者类 Student,继承于读者类 Reader
class Student:Reader{}

//启动类
class _5_8
{
    static void Main(string[] args)
    {
        Reader reader = new Reader();
        Student student = new Student();
        string str = "hello";
        AsTest(reader);
        AsTest(student);
        AsTest(str);
    }
```

```
private static void AsTest(object obj)
{
    if (obj is Student)
    {
        Student s = (Student)obj;
        Console.WriteLine("该对象与 Student 类型兼容,能进行转换");
    }
    else
        Console.WriteLine("该对象与 Student 类型不兼容,不能进行转换");

    if (obj is Reader)
    {
        Reader r = (Reader)obj;
        Console.WriteLine("该对象与 Reader 类型兼容,能进行转换");
    }
    else
        Console.WriteLine("该对象与 Reader 类型不兼容,不能进行转换");

    Console.WriteLine();
}
```

例 5-8 的运行结果如图 5-12 所示。

图 5-12 例 5-8 运行结果

在例 5-8 中,通过 as 运算符,得到了与例 5-7 相同的运行结果。

5.4 多 态

5.4.1 方法绑定

前面讲过了虚方法,和虚方法相对的是非虚方法,是指没有使用 virtual 修饰符修饰的方法。对于实例方法的调用无论是虚方法还是非虚方法,都是通过"对象名.方法名"这样的调用方式实现。绑定则是指在对象与实际调用的方法之间建立调用关系。

在 5.3 节中讲到,通过类型转换,一个基类型的对象引用可以指向其任意的派生类型对象。因此,调用方式"对象名.方法名"中的"对象"所绑定的"方法"就要由该"对象"实际引用的对象类型所决定。

非虚方法和虚方法的本质区别在于实际调用方法的绑定上。对于非虚方法,在编译阶段就能够确立调用关系,称之为"静态绑定";而虚方法在运行阶段才能够确立调用关系,称之为"动态绑定"。

1. 静态绑定

静态绑定也称为编译时绑定,先来看看实例方法的静态绑定。

【例 5-9】 方法的静态绑定。

```
//5-9.cs
class A
{
    public void Method()
    {
        Console.WriteLine("调用类 A 中的方法");
    }
}


//基类 BaseClass
class BaseClass
{
    public void Method()
    {
        Console.WriteLine("调用基类中的方法");
    }
}


//派生类 DerivedClass,继承于 BaseClass
class DerivedClass:BaseClass
{
    public new void Method()
    {
        Console.WriteLine("调用派生类中的方法");
    }
}
```

```
//启动类
class _5_9
{
    static void Main(string[] args)
    {
        A a = new A();
        a.Method();
        BaseClass b = new BaseClass();
        b.Method();
        b = new DerivedClass();
        b.Method();
    }
}
```

例 5-9 的运行结果如图 5-13 所示。

图 5-13　例 5-9 运行结果

例 5-9 中,在主函数中通过"a. Method()"调用实例方法 Method 时,对象引用 a 指向的就是其声明类型 A,因此在编译阶段,调用语句就和类 A 中的 Method 方法绑定在一起,调用的是类 A 中的方法。

在相对复杂的继承层次中,在派生类 DerivedClass 中通过 new 修饰符隐藏了从基类 BaseClass 中继承得到的方法 Method,使得派生类与基类中都存在 Method 方法。接下来,在主函数中声明了基类型的对象引用 b,分别让其指向基类型的对象和派生类型的对象,然后都通过"b. Method()"进行方法调用。

如何确定实际调用的方法呢? 这里要看 Method 方法是不是虚方法。由于 Method 不是虚方法,在确定实际调用方法时,不管 b 引用的是基类型的对象,还是派生类型的对象,实际被调用的方法都是静态绑定,也就是说在编译阶段就被绑定,取决于 b 在声明时的类型。因此它都将调用的是 b 声明时类型(BaseClass)中的 Method 方法。

2. 动态绑定

动态绑定,也称为运行时绑定。对于虚方法,由于是动态绑定,它在调用时绑定的方法取决于"对象名. 方法名"中的对象名的运行时类型。在实际的绑定过程中,如果对象的实际类型是基类型,那么该对象就绑定调用的是基类中的虚方法;如果对象的实际类型是派生类型,那么对象就绑定的是派生类中的重写方法。

【例 5-10】 方法的动态绑定。

```
//5-10.cs
//基类 BaseClass
```

```
class BaseClass
{
    public virtual void Method()
    {
        Console.WriteLine("调用基类中的方法");
    }
}


//派生类 DerivedClass,继承于 BaseClass
class DerivedClass:BaseClass
{
    public override void Method()
    {
        Console.WriteLine("调用派生类中的方法");
    }
}


//启动类
class _5_10
{
    static void Main(string[] args)
    {
        BaseClass b = new BaseClass();
        b.Method();
        b = new DerivedClass();
        b.Method();
    }
}
```

例 5-10 的运行结果如图 5-14 所示。

图 5-14 例 5-10 运行结果

从运行结果可以看出,当基类的对象 b 在运行且实际类型是基类类型 BaseClass 时,它将调用的是基类中的方法 Method;如果 b 在运行且实际类型是派生类型 DerivedClass时,它将调用的是派生类中的重写方法 Method(前提条件是在派生类中重写了基类的虚方法,如果没有重写基类的虚方法,那么仍将调用的是基类中的方法,这一点一定要注意)。

如果对象的实际类型不是基类引用的直接派生类,而是间接派生类(不直接继承于该基类,而是从该基类的某个派生类继承),那么情况就变得复杂起来。在这种情况下,系统会从该"对象名"的声明类型(基类型)开始,到该"对象名"的实际类型为止,按照它的继承层次依次在派生类中搜索该虚方法的重写方法。

【例 5-11】 多层次继承关系的方法绑定。

```csharp
//5-11.cs
//基类 BaseClass
class BaseClass
{
    public virtual void Method()
    {
        Console.WriteLine("调用基类 BaseClass 中的方法");
    }
}


//第一级派生类 FirstDerivedClass,继承于 BaseClass
class FirstDerivedClass:BaseClass
{
    public override void Method()
    {
        Console.WriteLine("调用派生类 FirstDerivedClass 中的方法");
    }
}


//第二级派生类 SecondDerivedClass,继承于 FirstDerivedClass
class SecondDerivedClass:FirstDerivedClass
{
}


//启动类
class _5_11
{
    static void Main(string[] args)
    {
        BaseClass b = new BaseClass();
        b.Method();
```

```
        b = new FirstDerivedClass ();
        b.Method();
        b = new SecondDerivedClass ();
        b.Method();
    }
}
```

例 5-11 运行结果如图 5-15 所示。

图 5-15　例 5-11 运行结果

例 5-11 中,主函数中执行了 3 次"b. Method();"语句。前两次的执行原理与例 5-10 相同,但第三次的方法调用原理则有些复杂。当进行方法绑定时,从 b 的声明类型 Base-Class 开始,到 b 所引用的实际类型 SecondDerivedClass 结束,对该继承链进行搜索,找到其最末端的重写方法,即为实际绑定的方法。由于在第二级派生类 SecondDerivedClass 中未重写 Method 方法,因此在第一级派生类 FirstDerivedClass 中重写的 Method 方法即为实际绑定的方法。

3. 隐藏与重写的区别

在 5.2 节讲到了隐藏与重写,如果从基类继承得到的成员在派生类中需要重新定义新的实现的话,则可以使用隐藏或重写。既然两种方式都可以实现,那么它们有什么区别呢? 其实在之前的内容中已经体现出了隐藏与重写的区别:用基类引用调用方法时的绑定方式。

在例 5-9 中,方法的调用代码如下:

```
BaseClass b = new BaseClass();
b.Method();
b = new DerivedClass();
b.Method();
```

当使用基类引用 b 调用方法时,无论该基类引用指向的是基类(BaseClass)对象还是派生类(DerivedClass)对象,它都调用的是基类中的方法。因为基类中的方法只在派生类中被隐藏,对派生类来说对象不可见而已。

在例 5-10 中,方法调用代码与例 5-9 相同,当基类引用 b 指向基类(BaseClass)对象时,调用的是基类中的方法。但当基类引用 b 指向派生类(DerivedClass)对象时,由于方法已经在派生类中被重写,因此调用的是派生类中的方法。

5.4.2　多态的实现

继承的一个好处在于可以实现代码的复用:在现有类的基础上用较少的代码创建一

个或多个新的类;而另一个好处就在于可以实现多态。

多态通常被理解为:作用在同一对象上的同一方法却具有不同的执行结果。通过前面的章节我们已经知道,由于存在继承关系,基类对象在运行时可以是多种类型:基类型、任何直接或间接的派生类型。那么用该基类对象去调用同一方法,通过动态绑定,则有可能产生不同的执行结果,这就是多态。如在例5-10中同样是使用"b. Method();"来调用方法,执行结果却可能不同。

多态的实现方式有多种:

(1)继承实现多态,通过派生类重载基类中的虚方法可以实现多态。

(2)抽象类实现多态。

(3)接口实现多态。

由此可以得出实现多态的两个条件:

(1)具有一组相关(可以进行安全的类型转换)的类。实现方式有继承、实现抽象类和实现接口。

(2)相同签名的方法在这相关类中具有不同的实现方式。实现方式有方法重写、实现抽象方法、实现接口方法。

在图书馆管理系统中,通过对例5-6中的主函数代码进行简单改写就能够实现多态。如下代码所示:

```
//学生读者类 Student,继承于读者类 Reader
class Teacher:Reader
{
    //在派生类中重写借书方法
    public override void BorrowBook(Book book)
    {
        base.BorrowBook(book);
        book.ReturnDate = book.BorrowDate.AddDays(90);
    }
}


class _5_6
{
    static void Main(string[] args)
    {
        Book b = new Book();            //新建图书
        b.BookID = "B0001";
        b.BookName = "C 语言";

        Reader r = new Reader();        //新建读者
```

```
        Teacher t = new Teacher();          //基类教师读者
        t.ReaderID = "R0002";
        t.ReaderName = "Smith";
        r = t;                              //基类引用指向派生类对象
        r.BorrowBook(b);                    //借书
        r.Display();                        //显示读者相关信息

        Student s = new Student();          //新建学生读者
        s.ReaderID = "R0001";
        s.ReaderName = "Tony";
        r = s;                              //基类引用指向派生类对象
        r.BorrowBook(b);                    //借书
        r.Display();                        //显示读者相关信息
    }
}
```

例 5-6 修改后的运行结果如图 5-16 所示。

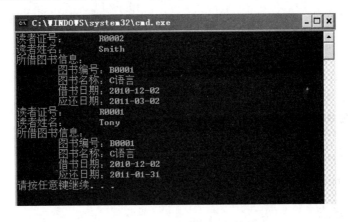

图 5-16　例 5-6 修改后运行结果

可见,同样的两条调用语句:r.BorrowBook(b),却能够有完全不同的实现。这正是多态的神奇所在。多态最主要的优点体现在以下两个地方:

(1) 派生类的方法都可以被基类的引用变量所调用,可以提高可扩充性和可维护性。在上面的代码中,调用读者借书方法都用的是"r.BorrowBook(b)",而不管 r 到底引用的是基类对象还是派生类对象。这样一来,若系统再添加新的派生类型,如职工读者、校外读者等,不需要修改调用语句。因此说可以提高系统可扩充性和可维护性。

(2) 应用程序不必为每一个派生类编写功能调用,只需要对抽象基类进行处理即可。大大提高程序的可复用性。如果派生类很多,则需要很多不同的调用语句,而多态可以使调用语句单一化,提高程序可复用性。

注意:通过隐藏与重写的区别可以得出,在派生类中隐藏方法不能实现继承式多态。

因为它不能实现同一对象调用相同方法而产生不同的结果。

5.5 抽 象 类

5.5.1 抽象类

抽象类是指一个抽象的概念,面向对象的应用程序就是对现实世界的建模,而现实世界本身就有各种各样抽象的概念。如"动物"这一概念,当我们想到动物时,可能想到猫、狗等,但无法将动物与其中一种动物画上等号。因此说"动物"是一个抽象的概念。抽象类就是用来描述这种类型的。

在 C#中,可以在类的声明时使用 abstract 关键字修饰一个类,表明这个类是一个抽象类,它只能作为其他类的基类,它就是设计被用来继承的类。一定要注意:抽象类不能够实例化,正如我们无法从"动物"这一概念得到一个具体动物。声明一个抽象类的格式如下:

```
［访问修饰符］abstract class 类名
{
    //类的成员
}
```

例如:

```
public abstract class Animal
{
    //类的成员
}
```

以下的语句是错误的,因为抽象类只用于继承用途,而不能实例化:

```
Animal a = new Animal ();
```

5.5.2 抽象方法

类的方法(还包括属性、索引器)也可以是抽象的。这个概念也比较容易理解,比如动物类 Animal 中要定义一个移动的方法 Move,由于我们无法和具体的动物联系在一起,也就意味着我们不知道这个动物 Move 的行为是爬行、飞翔或者是游动。因此 Move 方法就应该是一个抽象的方法。定义一个抽象的方法也是用 abstract 关键字修饰。声明格式如下:

```
［访问修饰符］ abstract 返回值类型 方法名称(［参数列表］);
```

这里有几点需要说明:

(1)抽象方法不能有实现代码,只有方法的声明部分,在声明结束后要使用分号作为结尾。因为我们无法得知一个抽象的行为具体是如何实现,所以也无法写出实现代码。比如:

```
public abstract void Move ();
```

(2)如果一个类一旦包含抽象方法,那么该类就必须声明成为抽象类,因为一个类具有抽象的行为,就意味着这个类具有抽象的概念,无法将这个类具体化。但一个抽象类并不一定非要包含抽象方法。

```csharp
//错误,包含抽象方法的类也必须是抽象的
public class Person
{
    public abstract void Say();
}
//正确,包含抽象方法的类应该为抽象类
public abstract class Person
{
    public abstract void Say();
}
//正确,抽象的类并不一定要包含抽象的方法
public abstract class Person
{
    public void Say(){}
}
```

（3）静态成员不能是抽象的。

（4）抽象方法类似于虚方法,或者说是隐式的虚方法。除了修饰的关键字不同外,最大的区别在于虚方法可以有实现的具体代码。但抽象方法和虚方法一样,都可以在其派生类中用 override 关键字来重写。也正是由于这个原因,就有了多态的第二种实现方式。

【例 5-12】 抽象方法的重写、实现多态。

```csharp
//5-12.cs
//图书类
class Book { }

//抽象读者类 Reader
abstract class Reader
{
    //抽象方法——借书
    public abstract void BorrowBook(Book b);
}

//学生读者类 Student,继承于读者类 Reader
class Student:Reader
{
    //重写借书方法
    public override void BorrowBook(Book b)
```

```
    {
        Console.WriteLine("学生借书,可借 60 天");
    }
}


//教师读者类 Teacher,继承于读者类 Reader
class Teacher:Reader
{
    //重写借书方法
    public override void BorrowBook(Book b)
    {
        Console.WriteLine("老师借书,可借 90 天");
    }
}


//启动类
class _5_12
{
    static void Main(string[] args)
    {
        Book b = new Book();
        Reader r = new Student();
        r.BorrowBook(b);        //学生借书
        r = new Teacher();
        r.BorrowBook(b);        //老师借书
    }
}
```

例 5-12 的运行结果如图 5-17 所示。

图 5-17　例 5-12 运行结果

在例 5-12 中,派生类 Student 和 Teacher 都继承于抽象类 Reader,并都使用 override 关键字重写实现了 Reader 中的抽象方法 BorrowBook。因此这两个类中就没有了抽象的方法,可以不再用 abstract 来修饰。另外,在主函数中调用借书方法时,不管基类引用 r 是指向一个学生读者还是一个教师读者,都是使用语句"r.BorrowBook();"来进行调用,但得到了不同的运行结果。由此验证了通过抽象类的实现通用可以有多态的表现。

　　抽象类被用来继承,但该抽象类的派生类并不一定是非抽象类,也可以从一个抽象类派生出另一个抽象类。因为如果该派生类未通过 override 重写基类的方法,那么它就具有抽象的方法,根据上面的第二点说明,那么该派生类就必须是抽象的。如学生又分为本科生和研究生,他们的借书行为也不相同,那么学生类 Student 就也是一个抽象类。如下代码所示:

```
abstract class Reader
{
    public abstract void BorrowBook();
}
//该类未重写 BorrowBook 方法,就有了继承得到的抽象方法,因此必须声明成为抽
  象的
abstract class Student:Reader
{
}
//在派生类 Undergraduate 中重写借书方法
class Undergraduate:Student
{
    public override void BorrowBook()
    {
        Console.WriteLine("本科生借书,可借 60 天");
    }
}
//在派生类 Graduate 中重写借书方法
class Graduate:Student
{
    public override void BorrowBook()
    {
        Console.WriteLine("研究生借书,可借 90 天");
    }
}
```

5.6　接　口

　　所谓接口就是指一种规范和标准,它能够约束类的行为。接口可以被继承(也可叫实现),在接口内部定义一些行为规范,让其他的类能够继承该接口从而有共同的行为。

　　接口的概念最初是从计算机硬件上引申过来的。可以想想计算机中的 USB 接口:USB 是一个外部总线标准,用于规范计算机与外部设备的连接和通信。USB 接口支持设

备的即插即用和热插拔功能。而现在市面上有很多的移动设备都实现了该接口,能够在
计算机上正常的工作,比如常用的 U 盘、鼠标、键盘,以及现在有很多 USB 接口的小风
扇、小台灯等。用户在使用或购置这些设备的时候,不用去管这些设备是哪个厂家生产
的,也不用问是国产的还是进口的,只要这些新的设备符合制定的 USB 通信标准,它们就
能够很好地在此规范下工作。这就是接口的作用所在。

同样地,在面向对象程序设计的领域,我们也可以通过接口定义其他类应该遵守的标
准,然后让其他的类实现该接口,只要符合接口中定义的规范,这个类就可以正常工作。

5.6.1 声明接口

声明接口需使用 interface 关键字,声明格式如下:

```
［访问修饰符］interface 接口名称
{
    //接口成员
}
```

比如我们可以制定读者应该具体的行为标准,一个读者必须具备借书、还书、续借图
书的这三种行为,才能够在图书馆中表现出正常的行为:

```
interface IReader
{
    void BorrowBook(Book b);
    void ReturnBook(Book b);
    void ReNewBook(Book b);
}
```

说明:

(1) 接口成员不能是数据成员,只能是方法、属性、索引器和事件。因为接口就是为
了制定类的行为标准。比如下面的代码,编译器就会报错"接口不能包含字段"。

```
interface IReader
{
    string id;
}
```

(2) 接口的这些函数成员不能包含具体的实现代码,只是给出方法的声明,而在声明
结束后用分号作为结尾。接口只是"告诉"其他的类必须要实现的行为方法。

(3) 接口的成员在声明时不允许用任何访问修饰符修饰,隐式是 public 的。因为接
口中的成员就是要"公布"给外界,让其他的类知道。为了防止意外使用访问修饰符让成
员不可见,因此规定不能使用访问修饰符,就连 public 也不可以,编译器会报错"修饰符
public 对该项无效"。

(4) 在对接口进行命名时,建议使用大写字母 I 开头,但这不是必须的。

(5) 接口不能用 new 关键字实例化。下面的代码是错误的:

```
IReader r = new IReader();
```

5.6.2　实现接口

一个类要实现一个现有接口,首先需要在类的声明部分用冒号标识,就像继承一个基类一样;其次需要实现该接口中的所有方法,但注意在这里实现方法并不是指用 override 重写。格式如下:

```
［访问修饰符］class 类名:接口名称
{
    //类的成员
}
```

【例 5-13】　实现读者接口 IReader。

```
//5-13.cs
//图书类
class Book { }


//读者接口 IReader
interface IReader
{
    void BorrowBook(Book b);   //借书
    void ReturnBook(Book b);   //还书
    void ReNewBook(Book b);    //续借
}


//学生读者类 Student,实现读者接口 IReader
class Student:IReader
{
    public void BorrowBook(Book b)
    {
        Console.WriteLine("学生借书");
    }

    public void ReturnBook(Book b)
    {
        Console.WriteLine("学生还书");
    }

    public void ReNewBook(Book b)
    {
        Console.WriteLine("学生续借图书");
```

```
    }
}


//启动类
class _5_13
{
    static void Main(string[] args)
    {
        Book b = new Book();
        Student s = new Student();
        s.BorrowBook(b);
        s.ReturnBook(b);
        s.ReNewBook(b);
    }
}
```

例 5-13 的运行结果如图 5-18 所示。

图 5-18　例 5-13 运行结果

在例 5-13 中：

（1）接口 IReader 中定义了三个方法，在实现该接口时，必须实现接口中的全部三个方法，否则编译器就会报错，提示该类未实现其中的某些方法。

（2）实现这三个方法都必须用 public 访问修饰符修饰，否则编译器就会报错，提示无法实现接口的该方法。

（3）如果 Student 类在实现 IReader 接口时没有实现其中的某个方法，那么就必须在Student 类中将该方法声明成为抽象方法，并且也要是 public 的。当然，Student 类也要相应地被声明成为抽象类。如下代码所示：

```
abstract class Student:IReader
{
    public void BorrowBook()
    {
        Console.WriteLine("学生借书");
    }

    public void ReturnBook()
    {
```

```
        Console.WriteLine("学生还书");
    }
    //未实现接口中的方法,则需要被声明成为抽象的
    public abstract void ReNewBook();
}
```

5.6.3 实现多个接口

前面章节提到过,C♯程序只支持单继承,一个类不能直接派生于多个基类。试考虑这种情况,当前有两个类:一个是读者类,类中包含借书、还书、续借等方法;另一个是电子书读者类,类中包含电子书在线打开阅读、电子书下载等方法。当我们要创建一个学生读者类时,它应该能够实现借书、还书、续借这些行为,也要能够实现电子书在线打开阅读、电子书下载这些行为,也就是说它应该具有前面两个类中的这些方法。但是由于C♯程序的单继承,我们只能在读者类和电子书读者类中做出选择,继承其中的一个类,而另一个类中的方法就需要在派生类中重新实现。显然这样的做法并不完美,如何做到"鱼和熊掌兼得"? 答案就是使用接口。我们可以使用这种方式实现所谓的"多继承"。

在C♯程序中,一个类可以实现多个接口。要实现的多个接口只要用逗号作为间隔就可以了。格式如下:

[访问修饰符]class 类名:接口 1 名称,接口 2 名称,接口 3 名称,……
{
    //类的成员
}

值得注意的是,如果一个类同时继承于一个类,又实现了接口,则必须在类的声明部分将基类名称放在接口名称的前面。格式如下:

[访问修饰符]class 类名:基类名称,接口 1 名称,接口 2 名称,接口 3 名称,……
{
    //类的成员
}

【例 5-14】 实现多个接口。

```
//5-14.cs
using System;
//图书类
class Book { }

//电子图书类
class ElecBook { }

//读者接口 IReader
interface IReader
```

```
{
    void BorrowBook(Book b);            //借书
    void ReturnBook(Book b);            //还书
    void ReNewBook(Book b);             //续借
}


//电子书读者接口
interface IElecBookReader
{
    void OnlineOpenBook(ElecBook ebb);//在线打开图书
    void DownLoadBook(ElecBook ebb);    //下载电子书
}


//学生读者类实现读者接口和电子书读者接口
class Student : IReader,IElecBookReader
{
    public void BorrowBook(Book b)
    {
        Console.WriteLine("学生借书");
    }
    public void ReturnBook(Book b)
    {
        Console.WriteLine("学生还书");
    }
    public void ReNewBook(Book b)
    {
        Console.WriteLine("学生续借图书");
    }
    public void OnlineOpenBook(ElecBook eb)
    {
        Console.WriteLine("学生在线打开阅读电子书");
    }
    public void DownLoadBook(ElecBook eb)
    {
        Console.WriteLine("学生下载电子书");
    }
}
```

```
//启动类
class _5_14
{
    static void Main(string[] args)
    {
        Book b = new Book();
        ElecBook eb = new ElecBook();
        Student s = new Student();
        s.BorrowBook(b);                    //借书
        s.ReturnBook(b);                    //还书
        s.ReNewBook(b);                     //续借

        s.OnlineOpenBook(eb);               //在线打开电子书
        s.DownLoadBook(eb);                 //下载电子书
    }
}
```

例 5-14 的运行结果如图 5-19 所示。

图 5-19　例 5-14 运行结果

　　能够一次实现多个接口固然给我们进行系统设计和编码带来了很多好处,但是也会有些问题。因为在实现多个接口时,无法保证这些接口中没有相同签名的方法存在。如果遇到这样的情况,编译器会如何处理呢?

　　比如在图书馆管理系统中,读者接口和电子书读者接口中都增加一个行为方法: ShowBook,但是含义不同。在读者接口中,该方法作用是显示当前读者的已借图书,而在电子书读者接口中,该方法作用是显示当前读者已下载的电子书。

　　在这种情况下,当学生读者类实现这两个接口时,在内部实现了 ShowBook 方法的话,应该如何理解这种实现方式呢?答案是:如果一个类实现了多个接口,这些接口中存在相同方法签名以及返回值的方法时,那么对该方法的实现可以看作是对这多个接口的共同实现。代码如下:

```
//读者接口
interface IReader
{
```

```
    void ShowBook();  //显示当前读者已下载的电子书
}
```

```
//电子书读者接口
interface IElecBookReader
{
    void ShowBook();  //显示当前读者已下载的电子书
}
```

```
class Student:IReader,IElecBookReader
{
    public void ShowBook()
    {
        Console.WriteLine("显示图书信息");
    }
}
```

以上代码可以正确编译,也可以正常运行,读者可以自行验证。可见,重复的接口成员只需要实现一次,就能够满足这些接口的需要。不过这里一定要注意,相同重复的接口成员并不仅仅是指具有相同签名的方法,还包括它们的返回值类型。也就是说方法名称、参数列表以及返回值类型都要相同。如下的代码就会出错,提示未实现接口 IElec-BookReader 中的 ShowBook 方法,因为它的返回值为 int 类型。

```
public interface IReader
{
    void ShowBook();      //显示当前读者已下载的电子书
}
public interface IElecBookReader
{
    int ShowBook();       //显示当前读者已下载的电子书
}
class Student:IReader,IElecBookReader
{
    public void ShowBook()//当作接口 IReader 中 ShowBook 方法的实现
    {
        Console.WriteLine("显示图书信息");
    }
}
```

5.6.4 接口实现多态

可能有读者会认为，通过这样的多继承没有多大作用。因为接口中并没有方法的实现代码，方法的具体实现还是要在实现这些接口的类中去编写，并没有让编码的工作量减轻，反而为了声明接口还增加了写代码的工作量。然而接口可以在行使"标准化"类的行为的同时，可以实现多态。

类在实现接口时，在冒号后面加上接口的名称，这样看起来与派生类继承于基类的方式相同。实际上，实现接口有时也称作接口继承。一个类通过实现接口，可以将该类的对象安全地转换成为接口类型的引用。而当用一个接口类型的引用去调用它的方法时，也是方法的动态绑定，可以实现多态。

【例 5-15】 实现接口多态。

```csharp
//5-15.cs
using System;
//图书类
class Book { }

//读者接口 IReader
interface IReader
{
    void BorrowBook(Book b); //借书
}

//学生读者类 Student,实现读者接口 IReader
class Student:IReader
{
    public void BorrowBook(Book b)
    {
        Console.WriteLine("学生借书,可借 60 天");
    }
}
//教师读者类 Teacher,实现读者接口 IReader
class Teacher:IReader
{
    public void BorrowBook(Book b)
    {
        Console.WriteLine("老师借书,可借 90 天");
    }
}
```

```
//启动类
class _5_15
{
    static void Main(string[] args)
    {
        Book b = new Book();
        IReader IR = new Student();
        IR.BorrowBook(b);  //学生借书
        IR = new Teacher();
        IR.BorrowBook(b);  //老师借书
    }
}
```

例 5-15 的运行结果如图 5-20 所示。

图 5-20　例 5-15 运行结果

在例 5-15 中，主函数通过"IR.BorrowBook(b);"两次调用借书方法，却得到了不同的执行结果，正是因为接口引用分别指向了实现了该接口的两个对象引用。程序在运行时能够正确地进行方法的动态绑定。

5.6.5　显示实现接口

当一个类实现多个接口时，如果两个或多个接口之间有相同签名和返回值的方法的话，只需要实现一次，就能够满足这些接口的需要。如果希望为这些接口的相同方法创建不同的实现方式就需要创建接口的显式实现。

显式实现接口成员时，需要在类中指明该方法是哪个接口中的方法，要用"接口名.方法名"的方式明确指出。

【例 5-16】 接口的显示实现。

```
//5-16.cs
//图书类
class Book { }

//读者接口
interface IReader
{
```

```
    void ShowBook(Book b);  //显示当前借阅图书
}

//电子书读者接口
interface IElecBookReader
{
    void ShowBook(Book b);  //显示当前读者已下载的电子书
}

class Student:IReader,IElecBookReader
{
    void IReader.ShowBook(Book b)
    {
        Console.WriteLine("读者接口中的 ShowBook 方法");
    }
    void IElecBookReader.ShowBook(Book b)
    {
        Console.WriteLine("电子书读者接口中的 ShowBook 方法");
    }
    public void ShowBook(Book b)
    {
        Console.WriteLine("学生读者类中的 ShowBook 方法");
    }
}

class _5_16
{
    static void Main(string[] args)
    {
        Book b = new Book();
        Student s = new Student();
        s.ShowBook(b);
        IReader r = s;
        r.ShowBook(b);
        IElecBookReader e = s;
        e.ShowBook(b);
    }
}
```

例 5-16 的运行结果如图 5-21 所示。

图 5-21　例 5-16 运行结果

对象 s 中的内存图如图 5-22 所示。

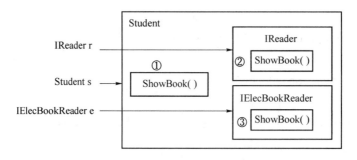

图 5-22　对象 s 中的 ShowBook 方法

如图 5-22 所示,在 Student 类中,存在三个 ShowBook 方法的实现,其中②和③分别是两个接口的显式实现。类级别的 ShowBook 方法实现①并不是必须的,因为已经对两个接口分别进行了显式实现。唯一的区别在于,如果没有方法①,那么就无法使用类的对象 s. ShowBook()来调用 ShowBook 方法。如果②和③其中任意一个没有实现或都没有实现,那么方法①就必不可少,它将被当作默认的实现方法。因此,在 Student 类中,以下的实现方法搭配都是正确的,唯一需要区分的是调用方法的选择上,如表 5-2 所示。

表 5-2　类 Student 中实现的方法组合及调用结果

类 Student 中实现的方法	r. ShowBook()的调用结果	e. ShowBook()的调用结果	s. ShowBook()的调用结果
①	①	①	①
①和②	②	①	①
①和③	①	③	①
②和③	②	③	编译错误

5.7　密封类和静态类

5.7.1　密封类

抽象类中包含抽象成员,不能对抽象类进行实例化,而设计抽象类就是让它被用来继承的。然而在 C♯程序中还有一种类被设计成为不能被任何类继承。这种类在声明时将关键字 sealed 置于关键字 class 的前面,被称为密封类。

```
［访问修饰符］sealed class 类名
{
    // 类成员定义
}
```

例如:

```
public sealed class SealedClass
{
    // 类成员定义
}
```

密封类不能用作基类,因此它也不能是抽象类。密封类主要用于防止派生。

如果试图对密封类进行派生的话将会出现编译错误:"A:无法从密封类型 Sealed-Class 派生"。如以下代码所示:

```
public class A:SealedClass
{
    // 类成员定义
}
```

5.7.2 静态类

类可以声明为 static,被称为静态类。静态类可以用来创建那些无须创建类的实例就能够访问的数据和函数。如果一个类的成员独立于实例对象,无论对象发生什么更改,这些数据和函数都不会随之变化,这种情况下就可以使用静态类。这种类在声明时将关键字 static 置于关键字 class 的前面:

```
［访问修饰符］static class 类名
{
    // 类成员定义
}
```

说明:

(1) 不能使用 new 关键字创建静态类的实例。

(2) 静态类是密封的,因此不可被继承。

(3) 类的所有成员都必须是静态的,包括构造函数。

使用静态类作为不与特定对象关联的方法的组织单元。此外,静态类能够使成员的访问更简单、迅速,因为不必创建对象就能调用其方法。以一种有意义的方式组织类内部的方法(例如 System 命名空间中的 Math 类和 Environment 类的方法)是很有用的。Math 类和 Environment 类的声明如下:

```
public static class Math
```

```
public static class Environment
```

类 Math 为三角函数、对数函数和其他通用数学函数提供常数和静态方法,比如求正弦函数 Sin()和求余弦函数 Cos()等,而类 Environment 提供了有关当前环境和平台的信息以及操作它们的方法,比如属性 UserName 用来获取当前已登录到 Windows 操作系统的人员的用户名等。对于这两个类中的成员，我们没有必要去初始化一个实例然后再去引用，因此可以将类和成员都声明成为静态的。

【例 5-17】 声明一个简单数学计算的静态类。

在以下静态类中，声明了一个常量 PI 和两个静态方法一共三个成员。IsEven 方法用来判断一个整数是否为偶数，CircleArea 方法用来根据半径计算一个圆的面积。当试图在静态类中声明一个实例字段时，编译器会报错"MyMath.k"：不能在静态类中声明实例成员。该类中的成员 PI 也要引起注意，它被声明成为 const 常量，而没被声明成为静态 static 的。但是同样能够正确运行，这正如我们在讲常量时说到的：常量类似于类的静态成员。

```csharp
//5-17.cs
//静态类 MyMath
public static class MyMath
{
    //public int k;错误
    public const double PI = 3.14;
    //检查一个数是否为偶数
    public static bool IsEven(int Num)
    {
        return Num % 2 == 0;
    }
    //根据半径计算一个圆的面积
    public static double CircleArea(double r)
    {
        return PI * r * r;
    }
}

//启动类
class _5_17
{
    static void Main(string[] args)
    {
        int n;
        double r;
        Console.WriteLine("请输入一个整数");
        n = int.Parse(Console.ReadLine());
        if (MyMath.IsEven(n))
            Console.WriteLine("n 是一个偶数");
        else
```

```
        Console.WriteLine("n 是一个奇数");

        Console.WriteLine("请输入圆的半径");
        r = double.Parse(Console.ReadLine());
        Console.WriteLine("面积:" + MyMath.CircleArea(r).ToString());
    }
}
```

例 5-17 运行结果如图 5-23 所示。

图 5-23　例 5-17 运行结果

请注意,当引用静态类的成员时,一定是用类名直接引用的。我们不能也根本无法创建一个静态类的实例,而去用实例引用静态类的成员。

5.8　访问修饰符进阶

在第 4 章简单介绍了有关类和类成员的可访问性。访问修饰符有 5 种:public、protected、private、internal、protected internal。通过访问修饰符可以限定类或类的成员能否被其他代码访问到。

在进一步讨论这些访问修饰符时,先列出一些有关访问修饰符的通用原则:

(1) 类的访问修饰符只能是 public 和 internal。如果省略,默认为 internal。不过嵌套类(在其他类中声明的类)除外。如果是嵌套类,则可以使用五种修饰符中的任何一种。对于嵌套类来说,如果省略了访问修饰符的定义,则默认是 private 的。

(2) 类的成员可以是五种访问修饰符中的任一种。如果省略,默认为 private。

(3) 当用访问修饰符来修饰一个类或是类的成员时,只能选择以上五种修饰符中的一个。比如,我们不能把一个类同时标识成为 internal 和 public。

(4) 在同一类中,所有显示声明的成员,无论其用什么访问修饰符修饰,都能够互相访问。

下面通过一个实例来阐述各种访问修饰符的可见性。

【例 5-18】　访问修饰符。

```
//5-18.cs
using System;
//基类 BaseClass
class BaseClass
```

```
{
    public string m1;
    internal string m2;
    protected string m3;
    protected internal string m4;
    private string m5;

    //在类的内部,所有成员都可以被访问
    internal void ShowMembers()
    {
        m1 = "m1";
        m2 = "m2";
        m3 = "m3";
        m4 = "m4";
        m5 = "m5";
        Console.WriteLine("在类的内部:");
        Console.WriteLine("所有数据成员被访问\n");
    }
}


//位于同一程序集内的派生类 DerivedClass
class DerivedClass:BaseClass
{
    public void ShowMembers()
    {
        m1 = "m1";
        m2 = "m2";
        m3 = "m3";
        m4 = "m4";
        Console.WriteLine("在同一程序集内的派生内中:");
        Console.WriteLine("public、protected、internal、protected internal 的成
            员可以被访问\n");
    }
}


//位于同一程序集内的非派生类
class InternalClass
{
    protected internal void ShowMembers()
```

```
    {
        BaseClass bc = new BaseClass();
        bc.m1 = "m1";
        bc.m2 = "m2";
        bc.m4 = "m4";
        Console.WriteLine("在同一程序集内的非派生内中：");
        Console.WriteLine("public、internal、protected internal 的成员可以被访问");
    }
}


//同一程序集中的启动类
class _5_18
{
    static void Main(string[] args)
    {
        BaseClass bc = new BaseClass();
        //访问类 BaseClass 中的 internal 方法
        bc.ShowMembers();
        DerivedClass dc = new DerivedClass();
        //访问类 DerivedClass 中的 public 方法
        dc.ShowMembers();
        InternalClass ic = new InternalClass();
        //访问类 InternalClass 中的 protected internal 方法
        ic.ShowMembers();
    }
}
```

例 5-18 的运行结果如图 5-24 所示。

图 5-24 例 5-18 运行结果

在例 5-18 中，声明了一个类 BaseClass，类中包含各种访问修饰符修饰的五个数据成员。然后分别在类内部、同一程序集内部的派生类、同一程序集内部的非派生类中对其可访问的成员进行了访问,得到了各种访问修饰符的访问原则。注意在启动类中的主函数中,分别对其他三个类中的 ShowMembers 方法进行了调用。这三个方法之所以能够在启动类中被访问,正是因为该方法在三个类中分别被定义成为 internal、public、protected internal,进一步地验证了访问修饰符的访问原则。

表 5-3 更清晰地描述各种访问修饰符的访问可见性(空白表示不能访问)。

表 5-3 访问修饰符可见性

	同一程序集		不同程序集	
	派生类	非派生类	派生类	非派生类
public	是	是	是	是
protected	是		是	
private				
internal	是	是		
protected internal	是	是	是	

5.9 方法进阶

5.9.1 扩展方法

在使用一个类时,如果发现该类中声明的方法不够齐全,就需要向该类中添加方法。如果有该类的源代码,则可以在类中直接添加。如果没有该类的源代码,则可以通过继承该类的方法,在派生类中添加新的方法。但是假若该类被声明成为密封类,同时又没有源代码,该如何做呢?(事实上,.NET 类库中的很多类都被声明成为 sealed,同时又无法修改其源代码。)

前面章节中,只能在类的内部声明该类的方法。而在 C#程序 3.0 中,增加了扩展方法,使我们可以在一个类的外部声明属于该类的方法。或者说,通过扩展方法可以向现有类中"添加"方法。扩展方法是一种特殊的静态方法,但可以像调用该类的实例方法一样调用扩展方法。

声明扩展方法时,需要声明一个静态类,在该类中包含静态方法,格式如下:

```
static class 类名
{
    public static 返回值类型 扩展方法名称(参数列表)
    {
        //方法体
    }
}
```

说明:

(1)扩展方法必须用 public static 修饰。

(2)扩展方法的参数必须用 this 修饰。

(3)参数列表的第一个参数的类型为该方法所要扩展的类,并且该参数以 this 修饰

符为前缀。比如希望为类 A 增加扩展方法,则参数声明为:

(this A a)

在.NET 类库中,常用的 String 类有一个 Length 属性,用来得到字符串的字符数,而当需要一个新的方法,用来得到字符串中数字的个数时,就需要用到扩展方法。因为 String 类被声明成为 sealed,我们无法通过继承来新增方法。

【例 5-19】 为 String 类声明扩展方法。

```
//5-19.cs
//扩展方法所在的静态类 ExtendString
static class ExtendString
{
    //扩展 String 类的扩展方法 NumCount
    public static int NumCount(this String str)
    {
        int Count = 0;
        //遍历字符串中的字符,找出数字
        for (int i = 0;i<str.Length;i++)
        {
            if(char.IsNumber(str[i]))
                Count++;
        }
        return Count;
    }
}


//启动类
class _5_18
{
    static void Main(string[]args)
    {
        string TestString = "abcd1234~!@#";
        Console.WriteLine("字符串" + TestString +"中数字的个数为:" +
        TestString.NumCount().ToString());
    }
}
```

例 5-19 的运行结果如图 5-25 所示。

图 5-25 例 5-19 运行结果

在例 5-19 中,当执行调用语句"TestString. NumCount( )"时,编译器首先会在类 String 的实例方法中寻找签名匹配的方法 NumCount,如果未找到,编译器将搜索 String 的所有扩展方法,并且绑定到它找到的第一个扩展方法。调用扩展方法时,编译器会自动转换为对静态类 ExtendString 中静态方法 NumCount 的调用,因此不会真正违反封装原则。实际上,扩展方法无法访问它们所扩展的类的私有变量。

5.9.2　外部方法

C♯程序中,不仅可以调用. NET 平台下的托管代码编写的方法,而且还能够调用其他非托管代码编写的方法。比如可以调用 C、C＋＋、Delphi 等语言编写的方法,调用之前需要先将这些方法在 C♯中使用 extern 关键字声明,称为外部方法,声明格式如下:

［访问修饰符］static extern 返回值类型（参数列表）;

说明:

（1）外部方法必须声明成为静态（static）的。

（2）返回值类型和参数列表需要和原方法的声明相匹配。

（3）外部方法只有声明而不包含实现方法体,用分号结束。

（4）非托管的方法一般封装在动态链接库（. dll 文件,与. NET 平台的程序集概念有所区别）中,需要与 DllImport 特性一起使用（特性在之后章节介绍）,引入对应的. dll 文件。要使用该特性,还必须加入 System. Runtime. InteropServices 命名空间。

【例 5-20】　外部方法的声明与调用。

```
//5-20.cs
//外部方法所在的类 ExternMethod
class ExternMethod
{
    //引入外部方法,声明方法
    //参数 hWnd:指定消息框的父窗口(句柄),如果没有,可为 0
    //参数 msg:要弹出的消息内容
    //参数 caption:消息框的标题
    //参数 type:消息框中显示的按钮("确定"、"取消"等)与图标形式("提示"、//"出错"等)
    [DllImport("user32.dll")]
    public static extern int MessageBox(int hWnd, string msg, string caption, int
    type);
}

//启动类
class _5_20
{
    static void Main(string[] args)
    {
```

```
    ExternMethod.MessageBox(0,"调用的外部方法","消息框",1);
    }
}
```

例 5-20 的运行结果如图 5-26 所示。

图 5-26   例 5-20 运行结果

习   题

1. 什么是类的继承？继承的优点是什么？怎样定义派生类？

2. 简述创建派生类对象时，构造函数的调用。对于有参数的基类构造函数，派生类如何向基类构造函数传递参数？

3. Object 类的特点是什么？它提供了哪些公共方法？它有父类吗？

4. 什么是密封类和密封方法？定义密封类与密封方法使用的关键字是什么？

5. 什么是多态性？多态性有什么作用？

6. 怎样声明基类虚方法？怎样在派生类中重载基类虚方法？

7. 如果在派生类中重载了基类中的方法，怎样在派生类中实现对基类方法的调用？

8. 什么是抽象类？抽象类的特点是什么？

9. 抽象方法与虚方法有什么异同？

10. 通过查阅 MSDN，举例说明.NET 类库中常用的抽象类与密封类。

11. 写出以下程序的输出结果。

```
public abstract class A
{
    public A()
    {
        Console.WriteLine('A');
    }
    public virtual void Fun()
    {
        Console.WriteLine("A.Fun()");
    }
}
public class B:A
{
    public B()
```

```
    {
        Console.WriteLine('B');
    }
    public new void Fun()
    {
        Console.WriteLine("B.Fun()");
    }
    public static void Main()
    {
        A a = new B();
        a.Fun();
    }
}
```

12. 写出以下程序的输出结果。

```
public class A
{
    public virtual void Fun1(int i)
    {
        Console.WriteLine(i);
    }
    public void Fun2(A a)
    {
        a.Fun1(1);
        Fun1(5);
    }
}
public class B:A
{
    public override void Fun1(int i)
    {
        base.Fun1 (i + 1);
    }
    public static void Main()
    {
        B b = new B();
        A a = new A();
        a.Fun2(b);
        b.Fun2(a);
```

```
        }
    }
```

13. 定义一个体育活动类(Sports)作为基类,它有一个进行活动的方法 Play。足球(Football)和篮球(Bascketball)都是体育活动类的派生类。请在测试类的主函数中编写一个方法 howToPlay(Sports sp),该方法要求传递一个 Sports 类型的参数。该方法的作用是:

(1) 当传入的实例类型为 Football 时,控制台上应打印:足球是用脚踢的!

(2) 当传入的实例类型为 Bascketball 时,控制台上应打印:篮球是用手打的!

在 Main 方法中调用 howToPlay()验证你的代码是对的。

14. 设计一个可在屏幕上作图(点、线矩形、圆等图形)的简单实例,要求是不必真正在屏幕上实现作图,只是有一个示意即可。例如,画一个矩形,不必真正画出矩形,只需输出一句话:This is a rectangle! 即可。要用到继承、虚函数、多态、数据的封装、构造函数的实现等各种面向对象程序设计的特性。

第6章 异常处理

在编写程序的过程中,程序员都不可避免出错。有的错误在编译时可以发现,并且及时修改掉。有的错误,则是在运行时发现和解决。在程序运行时发生的错误称之为异常。利用C#程序中的异常处理方法,可以很好地对异常进行捕捉和处理,保证程序的正常运行。

本章主要介绍对异常概念的理解,如何引发异常,对异常的捕捉和处理的方法,最后介绍了对整型溢出的检查。

6.1 异常介绍

C#程序中的异常是一种特殊的对象。如果程序在运行期间发生了错误,异常就会发生。异常会中断当前的程序,如果不采取措施,程序将停止运行。

异常可能会由程序中的 bug(例如数字被零除)或某些意外输入(例如用户选择了不存在的文件)而造成。

【例6-1】 被零除的异常。

```
//6-1.cs
class _6_1
{
    static void Main(string[] args)
    {
        int i,j,k;
        i = 3;
        j = 1;
        //k = i/0; //当删掉本行语句的注释符号时,编译提示"被常数零除"的错误
        k = i/j-- ;
        Console.WriteLine("3/1 = " + k);
        k = i/j;
        Console.WriteLine("3/0 = " + k);
    }
}
```

程序能通过编译,但是程序代码运行到 k=i/j;这一行时,会出现异常 DivideByZeroException,程序被中断。程序会出现如图 6-1 所示的运行结果,并弹出如图 6-2 的异常提示。

图 6-1　例 6-1 的运行结果

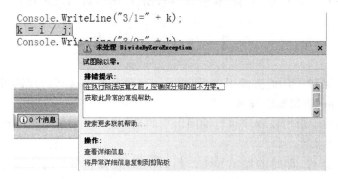

图 6-2　例 6-1 的异常提示

从例 6-1 的运行情况可以看出，一个整数被零除，当除数是一个整数常量时，编译时会提示错误。但是当除数是一个变量时，编译可以通过，在运行时才会引发错误。

在.NET 框架中，所有异常都是一个对象，都是从 System.Exception 类及其派生类继承而来的。表 6-1 按层次结构列出了运行库提供的部分标准异常类。

表 6-1　.NET 异常类型

异常类型	基类型	说　明
Exception	Object	所有异常的基类
SystemException	Exception	所有运行时生成的错误的基类
IndexOutOfRangeException	SystemException	仅当错误地对数组进行索引时，才由运行库引发
NullReferenceException	SystemException	仅当引用 null 对象时，才由运行库引发
AccessViolationException	SystemException	仅在访问无效内存时由运行库引发
InvalidOperationException	SystemException	当处于无效状态时，由方法引发
ArgumentException	SystemException	所有参数异常的基类
ArgumentNullException	ArgumentException	由不允许参数为 null 的方法引发
ArgumentOutOfRangeException	ArgumentException	由验证参数是否位于给定范围内的方法引发
ExternalException	SystemException	在运行库的外部环境中发生或针对这类环境的异常的基类
ComException	ExternalException	封装 COM HRESULT 信息的异常
SEHException	ExternalException	封装 Win32 结构化异常处理信息的异常

Exception 类的若干属性使了解异常更容易。这些属性包括：

（1）StackTrace 属性。此属性包含可用来确定错误发生位置的堆栈跟踪。

（2）InterException 属性。此属性可用来在异常处理过程中创建和保留一系列异常。可使用此属性创建一个新异常来包含以前捕捉的异常。

（3）Message 属性。此属性提供有关异常起因的详细信息。

（4）HelpLink 属性。此属性可保存某个帮助文件的 URL（或 URN），该文件提供有关异常起因的大量信息。

（5）Data 属性。此属性是可以保存任意数据（以键值对的形式）的 IDictionary。

6.2　引　发　异　常

异常可以以两种不同的方式引发：使用 throw 语句和直接运行代码引发。

1. 使用 throw 语句抛出异常

throw 语句用于引出在程序执行期间出现的异常对象。throw 语句的一般格式是：

throw 异常对象名

该语句是无条件、即时的抛出异常。例如，可以使用例 6-2 的程序，抛出例 6-1 中的异常对象。

【**例 6-2**】 使用 throw 语句抛出异常。

```
//6-2.cs
class_6_2
{
    static void Main(string[] args)
    {
        int i,j,k;
        i = 3;
        j = 1;
        k = i/j-- ;
        Console.WriteLine("3/1 = " + k);
        k = i/j;
        throw (new Exception());
    }
}
```

例 6-2 的运行结果如图 6-3 所示。

图 6-3　例 6-2 的运行结果

2. 直接运行代码引发异常

在程序运行过程中,直接触发了某个异常的条件,使得程序无法继续运行,这样也可以引发异常。这种引发异常的方式很直接、简单,但是程序会进入中断状态。例 6-1 的程序就是一个很典型的例子,整数除法操作分母为零时,抛出了一个 System.DivideByZero-Exception 异常。

6.3 异常的捕捉和处理

C♯语言的异常处理功能可帮助处理程序运行时出现的任何异常情况。异常处理使用 try、catch 和 finally 关键字来检测异常、处理异常并继续运行。

6.3.1 try 语句结构

C♯程序中提供了 try 语句结构来捕捉语句块执行过程中发生的异常。其中,使用 try 语句块来存放可能会出现异常的代码。使用 catch 语句块来处理所产生的任何异常。使用 finally 语句块存放无论控制流如何都会执行的代码。

try 语句结构有 3 种形式:

(1) try
{
    // 程序代码
}
catch(System.Exception ex)
{
    // 错误处理代码
}
(2) try
{
    // 程序代码
}
finally
{
    // 错误处理代码
}
(3) try
{
    // 程序代码
}
catch(System.Exception ex)
{

```
        // 错误处理代码
    }
finally
{
        // finally 代码
    }
```

可以看到,try 语句块必须与 catch 或 finally 语句块一起使用。而且,程序中可以根据需要,设置多个 try 语句块。而 catch 语句块使用时可以不带任何参数,这种情况下它捕获任何类型的异常。

程序运行时,如果发生了异常,程序会进入中断状态。系统会检查引发异常的语句是否在某一个 try 语句块中。如果是,则执行该 try 结构中对应的 catch 或 finally 语句块,直到程序结束。

【例 6-3】 使用 try-catch-finally 语句。

```
//6-3.cs
class_6_3
{
    static void Main(string[] args)
    {
        int[] array = new int[2];
        for (int i = 0;i<= 2;i ++)
        {
            try
            {
                array[i] = i;
                Console.WriteLine("array[{0}] = {1},没有引发异常",i,i);
            }
            catch(Exception e)
            {
                Console.Write("array[{0}] = {1},引发了异常:",i,i);
                Console.WriteLine(e.Message);
            }
            finally
            {
                Console.WriteLine("赋值完成,并运行了 finally 语句块");
            }
        }
    }
}
```

例 6-3 的运行结果如图 6-4 所示。

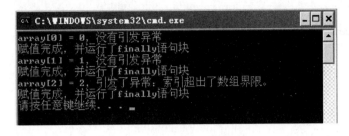

图 6-4　例 6-3 的运行结果

6.3.2　多个 catch 语句块

在一个 try 语句块中,程序代码可能会引发多个不同的异常。因此,在同一个 try 语句结构中,可以包括多个 catch 语句块。这种情况下,catch 语句的顺序很重要。因为在出现异常时,首先会从 try 语句的第一个 catch 语句块开始,逐个按顺序检查 catch 语句块中的异常参数类型与实际出现的异常是否相同。如果按顺序找到一个匹配的 catch 语句块,则执行该子句中的异常处理代码。之后,不再执行其他的 catch 语句块,而是转去执行所有 catch 之后的语句。

在程序运行时,如果某 try 语句块中没有引发任何异常,则其中的所有代码都会执行,而对应的所有 catch 语句块都不会被执行。

【例 6-4】 多个 catch 语句块的使用。

```
//6-4.cs
class _6_4
{
    static void Main(string[] args)
    {
        try
        {
            Console.Write("请输入数据:");
            short i = Convert.ToInt16(Console.ReadLine());
            Console.WriteLine("转换后的短整型数据为{0}",i);
        }
        catch (FormatException e1)
        {
            Console.WriteLine("捕获到第一个异常:" + e1);
        }
        catch(System.IO.IOException e2)
        {
```

```
        Console.WriteLine("捕获到第二个异常:" + e2);
    }
    catch (Exception e3)
    {
        Console.WriteLine("捕获到第三个异常:" + e3);
    }
}
```

运行例 6-4 的程序,如果用户在控制台中输入短整型数字,如"12345",程序不会引发任何异常。当用户输入字符串时,如"C♯",则程序会按顺序捕获到匹配的"第一个异常" e1,并输出 e1 的异常类型,如图 6-5 所示。

图 6-5　例 6-4 出现异常时的结果 1

在实际编程时,可能碰到这样一种情况:所有的 catch 语句块都不能与 try 语句块中的异常类型相匹配,也就是说,catch 语句块不可以捕获并处理所有的异常。

为解决这个问题,可以将最后一个 catch 语句块中的异常参数类型定义为 Exception 类。放在最后的原因是,Exception 类是所有类的基类,如果放在前面,则先会捕获到 Exception异常,其他的异常类型则都失效了。

运行例 6-4 的程序,当用户输入超出短整型范围的数字时,如"123456",程序会依次检查各个异常类型,前两个都不匹配,则捕获到"第三个异常"e3,并输出 e3 的异常类型,如图 6-6 所示。

图 6-6　例 6-4 出现异常时的结果 2

因此,一般会将特定程度较高的异常 catch 语句块放在前面,而将特定程度较小的异常 catch 语句块放在后面。

6.4 整型溢出检查

所谓算法溢出,是指在运算时,运算结果超出了某种数据类型所能表示的取值范围。C♯语句既可以在已检查的上下文中执行,也可以在未检查的上下文中执行。在已检查的上下文中,算法溢出引发异常。在未检查的上下文中,算法溢出被忽略并且结果被截断。

在 C♯ 程序中,使用 checked 关键字对整型算术运算和转换显式启用溢出检查,使用 unchecked 关键字取消整型算术运算和转换的溢出检查。其格式为:

checked   语句;

unchecked   语句;

其中,语句可以为简单语句、结构语句和复合语句。

【例 6-5】 关键字 checked 和 unchecked。

```csharp
//6-5.cs
class _6_5
{
    static void Main(string[] args)
    {
        short x = 32767;
        int y = 0,z = 0;
        try
        {
            y = unchecked((short)(x + 1));
            Console.WriteLine("y 赋值为:" + y);
        }
        catch (System.OverflowException e1)
        {
            Console.WriteLine("y 赋值时发生异常:" + e1.ToString());
        }
        try
        {
            z = checked((short)(x + 1));
            Console.WriteLine("z 赋值为:" + z);
        }
        catch (System.OverflowException e2)
        {
            Console.WriteLine("z 赋值时发生异常:" + e2.ToString());
        }
    }
}
```

例 6-5 的运行结果如图 6-7 所示。

图 6-7 例 6-5 运行结果

在例 6-5 中，unchecked 语句用来指定未检查的上下文，当发生算术溢出时，结果被截断了。而 checked 语句在选中的上下文中对语句中的所有表达式进行计算，当发生算术溢出时，就引发了异常。

习　题

1. 什么是异常？试举出两个异常的例子。

2. 如何使用 try 语句？

3. 编写一个程序，引发一个 IndexOutOfRangeException 异常，并捕捉处理。

4. 编写一个简易计算器程序，要求在程序中能够捕获到被 0 除的异常与算术运算溢出的异常。当程序退出运行时，打印出字符串"谢谢使用"。

第7章 字 符 串

字符串是将一组 Unicode 字符作为一个整体来处理的数据类型,用于表示文本。在实际编程时,很多用户界面的输入,都是字符串类型。如何正确地操作字符串显得尤为重要。

本章主要介绍了利用 String 类和 StringBuilder 类如何创建字符串,以及对其属性、方法的使用,最后介绍了格式化字符串的方法。

7.1　String 类

C♯ 程序中使用关键字 string 来定义字符串类型。在第 2 章的介绍中,提到 string 对应着. NET框架中的 System. String 类。也就是说,关键字 string 是. NET 框架中 String 类的简化别名。String 类是一个密封类,用于对字符串的存储及相关操作,应用非常广泛。

7.1.1　创建字符串

创建 string 类型对象的最简单的形式,是直接将一对双引号中的字符串赋值给字符串变量。其一般格式是:

string 变量名 =″字符串值″;

例如:

string str =″welcome″;

另外,通过 String 类的构造函数,也可以创建字符串。String 类的构造函数常用的有以下重载形式。

(1) 用字符数组作为新创建的字符串的初始值。

语法格式:public String(char[] value)

例如:char[] a = new char[]{′v′,′i′,′s′,′u′,′a′,′l′};

　　　string s1 = new String(a);

赋值后:

s1 =″visual″;

(2) 将字符 c 重复 count 次作为新创建的字符串的初始值。

语法格式:public String(char c, int count)

例如:string s2 = new String(′t′,5);

赋值后:

s2 =″ttttt″;

（3）在字符串数组 value 中，从下标为 startIndex 处开始，取长度为 length 的子串作为新创建的字符串的初始值。

语法格式：public String(char[] value, int startIndex, int length)

例如：char[] a = new char[]{'v','i','s','u','a','l'};

  string s3 = new String(a,2,3);

赋值后：

s3 = "sua";

需要强调的是，String 对象是不可变的，一旦创建了该对象，就不能修改该对象的值。尽管从书写格式上看似乎可以更改其内容，但事实上是创建了一个新字符串对象来保存新的值。例如：

string str = "welcome";

str += "to C#";

str 对象在第 2 行代码中会重新创建，新的值为"welcome to C#"。

7.1.2 String 类的属性

String 类型包括以下两个属性。

（1）Chars 属性：获取字符串中指定位置的字符。该属性实际上是一个索引器。

语法格式：public char Chars[int index] {get;}

功能：返回 index 参数指定的位置上的字符。

需要注意的是，字符串中第 1 个字符的索引（index）为 0。

（2）Length 属性：获取字符串中字符的个数。

语法格式：public int Length {get;}

功能：返回当前字符串中的字符个数。

【例 7-1】 String 类的属性。

```
//7-1.cs
class _7_1
{
    static void Main(string[] args)
    {
        Console.Write("请输入一个字符串：");
        string str = Console.ReadLine();
        int letter = 0,digit = 0,control = 0,other = 0;
        for (int i = 0;i<str.Length;i++)
        {
            if (Char.IsLetter(str[i]))
                letter++;
            else if (Char.IsNumber(str[i]))
                digit++;
            else if (Char.IsControl(str[i]))
```

```
            control ++ ;
        else
            other ++ ;
    }
    Console.Write("字符串长度为{0},\n 其中:字母个数为{1},",str.
    Length,letter);
    Console.WriteLine("数字个数为{0},\n 控制字符个数为{1},其他字符为
    {2}",digit,control,other);
    }
}
```

例 7-1 的运行结果如图 7-1 所示。

图 7-1 例 7-1 运行结果

在例 7-1 中,Char.IsLetter 等方法是由 Char 结构提供的一系列用于判断字符类别的方法。例如,Char.IsLetter(str[i]),用于指示字符串 str 中索引为 i 的字符是否属于字母类别。

7.1.3 String 类的方法

String 类的方法及其重载形式较为复杂,下面主要介绍使用较为广泛的一些方法。

1. 字符串比较

两个字符串比较的原则是:按前后顺序对字符串中对应位置上的字符一一进行比较。如果发现某两个对应字符不相等或两个字符串中所有字符都已经比较过,则终止比较。

C＃程序中提供了 String.Compare、String.CompareTo、String.CompareOrdinal 和 String.Equals 等方法,每种方法又提供了多种重载形式,来实现对字符串的比较操作。下面列举了各个方法的基本含义。

(1) String.Compare 方法:比较两个指定的 String 对象。

(2) String.CompareTo 方法:将此 String 实例与指定的对象或 String 进行比较,并返回二者相对值的指示。

(3) String.CompareOrdinal 方法:通过计算每个字符串中相应 Char 对象的数值来比较两个 String 对象。

(4) String.Equals 方法:确定两个 String 对象是否具有相同的值。此外,"＝＝"和"！＝"运算符也可以用于比较两个字符串是否相等。

【例 7-2】 字符串比较。

```
//7-2.cs
class _7_2
```

```
{
    static void Main(string[] args)
    {
        string str1 = "I´m a teacher";
        string str2 = "I´m a student";
        Console.WriteLine("字符串 str1 为:{0},str2 为:{1}");
        Console.WriteLine("String.Compare(str1,str2) = " + String.Compare(str1,
        str2));
        Console.WriteLine("String.Compare(str1,str2,true) = " + String.Com-
        pare(str1,str2,true));
        Console.WriteLine("String.Compare(str1,4,str2,4,5) = " + String.
        Compare(str1,4,str2,4,5));
        Console.WriteLine("String.CompareOrdinal(str1,str2) = " + String.
        CompareOrdinal(str1,str2));
        Console.WriteLine("String.CompareOrdinal(str1,4,str2,4,5) = " + String.
        CompareOrdinal(str1,4,str2,4,5));
        Console.WriteLine("str2.CompareTo(str1) = " + str2.CompareTo(str1));
        Console.WriteLine("str1.CompareTo(\"Welcome\") = " + str1.CompareTo
        ("I´m a teacher"));
        Console.WriteLine("String.Equals(str1,str2) = " + String.Equals
        (str1,str2,StringComparison.OrdinalIgnoreCase));
        Console.WriteLine("String.Equals(\"studio\",\"study\") = " + String.
        Equals("study","studio"));
        Console.WriteLine("(str1 != str2) = " + (str1 != str2));
    }
}
```

例 7-2 的运行结果如图 7-2 所示。

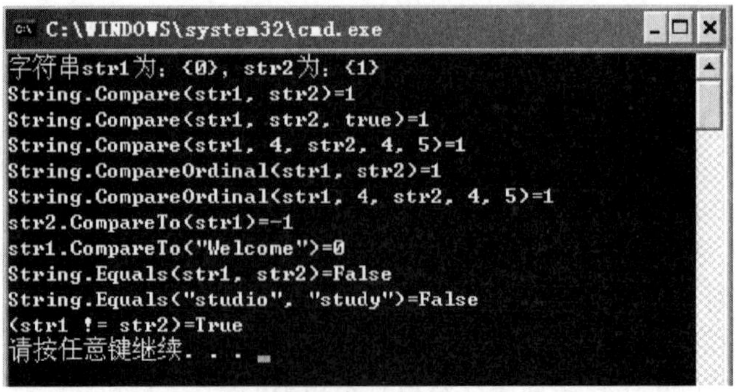

图 7-2   例 7-2 运行结果

2. 字符串查找

在 C♯ 程序中，提供了大量的方法及其重载形式，来完成在字符串中查找某个字符或子字符串的操作。这些方法包括：String. IndexOf、String. IndexOfAny、String. LastIndexOf、String. LastIndexOfAny、String. StartsWith、String. EndsWith 等。下面列举了各个方法的基本含义。

（1）String. IndexOf 方法：返回 String 或一个或多个字符在此字符串中的第一个匹配项的索引。

（2）String. IndexOfAny 方法：返回指定 Unicode 字符数组中的任意字符在此 String 实例中第一个匹配项的索引。

（3）String. LastIndexOf 方法：返回指定的 Unicode 字符或 String 在此 String 实例中的最后一个匹配项的索引位置。

（4）String. LastIndexOfAny 方法：返回在 Unicode 数组中指定的一个或多个字符在此 String 实例中的最后一个匹配项的索引位置。

（5）String. StartsWith 方法：确定 String 实例的开头是否与指定的字符串匹配。

（6）String. EndsWith 方法：确定 String 实例的末尾是否与指定的字符串匹配。

【例 7-3】 字符串查找。

```
//7-3.cs
class _7_3
{
    static void Main(string[] args)
    {
        string str = "Welcome to Visual C♯!";
        char c = 'c';
        string s = "to";
        char[] ch = new char[2]{'o','t'};
        Console.WriteLine("str = " + str);
        Console.WriteLine("str.IndexOf('{0}') = {1}",c,str.IndexOf(c));
        Console.WriteLine("str.IndexOf(\"{0}\") = {1}",s,str.IndexOf(s));
        Console.WriteLine("str.IndexOf('{0}', 16, 5) = {1}",c,str.IndexOf
        (c,16,5));
        Console.WriteLine("str.IndexOfAny('{0}''{1}') = {2}",ch[0],ch[1],
        str.IndexOfAny(ch));
        Console.WriteLine("str.LastIndexOf('{0}') = {1}",c,str.LastIndexOf(c));
        Console.WriteLine("str.LastIndexOf('{0}',3,2) = {1}",c,str.LastIn-
        dexOf(c,3,2));
        Console.WriteLine("str.LastIndexOfAny('{0}''{1}') = {2}",ch[0],ch
        [1],str.LastIndexOfAny(ch));
        Console.WriteLine("str.StartsWith(\"{0}\") = {1}",s,str.StartsWith(s));
```

```
        Console.WriteLine("str.EndsWith(\"{0}\") = {1}",s,str.EndsWith(s));
    }
}
```

例 7-3 的运行结果如图 7-3 所示。

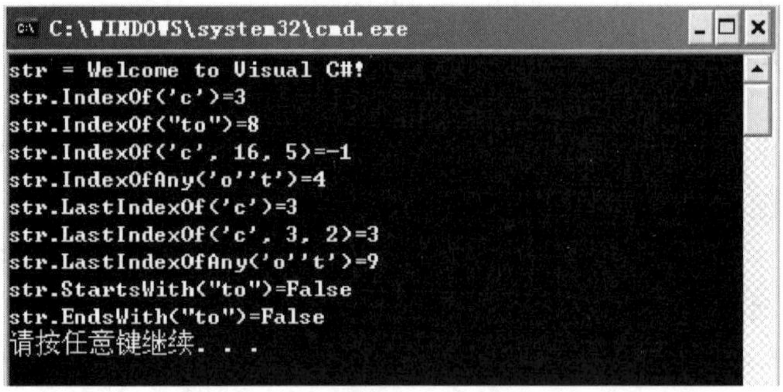

```
C:\WINDOWS\system32\cmd.exe                              _ □ ✕
str = Welcome to Visual C#!
str.IndexOf('c')=3
str.IndexOf("to")=8
str.IndexOf('c', 16, 5)=-1
str.IndexOfAny('o''t')=4
str.LastIndexOf('c')=3
str.LastIndexOf('c', 3, 2)=3
str.LastIndexOfAny('o''t')=9
str.StartsWith("to")=False
str.EndsWith("to")=False
请按任意键继续. . .
```

图 7-3　例 7-3 运行结果

3．字符串连接

在 C♯ 程序中，可以使用运算符或 String 类的方法，来完成字符串及分隔符的连接操作。

（1）String. Concat 方法：连接 String 的一个或多个实例，或 Object 的一个或多个实例的值的 String 表示形式。

（2）String. Join 方法：在指定 String 数组的每个元素之间串联指定的分隔符 String，从而产生单个串联的字符串。

（3）运算符"＋"：将运算符两边的字符串进行连接。

【例 7-4】 字符串连接。

```
//7-4.cs
class _7_4
{
    static void Main(string[] args)
    {
        string str1 = "Welcome to";
        string str2 = " Visual C♯ ";
        string sep = "-";
        string[] strarray = {str1,str2};
        Console.WriteLine("String.Concat(\"{0}\",\"{1}\") = \"{2}\"",str1,
        str2,String.Concat(str1,str2));
        Console.WriteLine("String.Concat(\"{0}\",\"{1}\",\"{2}\") = \"{3}\"",str1,
        str2,String.Concat(str1,str2),String.Concat(str1,str2,String.Con-
        cat(str1,str2)));
        Console.WriteLine("String.Join(\"{0}\",strarray) = \"{1}\"",sep,String.
        Join(sep,strarray));
```

```
Console.WriteLine("\"{0}\" + \"{1}\" = \"{2}\"",str1,str2,str1 +
str2);
    }
}
```

例 7-4 的运行结果如图 7-4 所示。

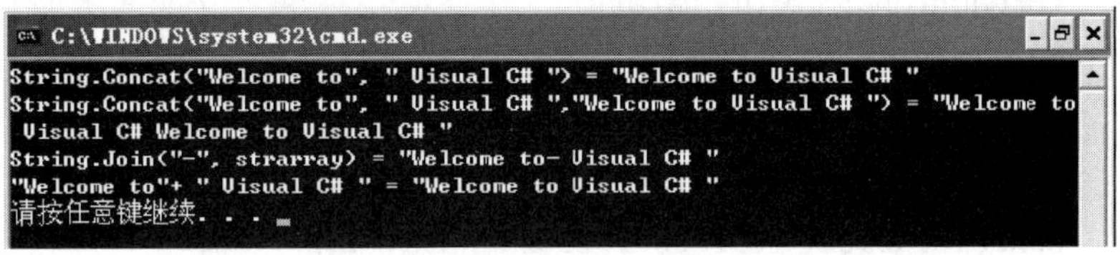

图 7-4 例 7-4 运行结果

4. 字符串复制与字符串替换

使用 String 类的相关方法,可以实现将当前字符串中的字符复制到另一个字符串或字符数组。

(1) String. Copy 方法:创建一个与指定的 String 具有相同值的 String 的新实例。

(2) String. CopyTo 方法:将指定数目的字符从此 String 实例中的指定位置复制到 Unicode 字符数组中的指定位置。

(3) String. ToCharArray 方法:将此 String 实例中的字符复制到 Unicode 字符数组。

(4) String. Replace 方法:将此实例中的指定 Unicode 字符或 String 的所有匹配项替换为其他指定的 Unicode 字符或 String。

【例 7-5】 字符串复制与字符串替换。

```
//7-5.cs
class _7_5
{
    static void Main(string[] args)
    {
        string sourcestr = "Visual C#";
        char[] destinationchar = {'a','b'};
        Console.WriteLine("sourcestr = {0}",sourcestr);
        Console.Write("destinationchar =");
        foreach (char ch in destinationchar)
            Console.Write("\"" + ch + "\"");
        Console.WriteLine();
        Console.WriteLine("String. Copy(\"{0}\") = {1}",sourcestr,String.
        Copy(sourcestr));
        sourcestr.CopyTo(7,destinationchar,0,2);
        Console.Write("sourcestr. CopyTo(7,destinationchar,0,2) =");
```

```
foreach(char ch in destinationchar)
    Console.Write(ch);
Console.WriteLine();
char[] chararr1 = sourcestr.ToCharArray();
Console.Write("sourcestr.ToCharArray() = ");
foreach(char ch in chararr1)
    Console.Write(ch);
Console.WriteLine();
char[] chararr2 = sourcestr.ToCharArray(7,2);
Console.Write("sourcestr.ToCharArray(7,2) = ");
foreach(char ch in chararr2)
    Console.Write(ch);
Console.WriteLine();
Console.WriteLine("sourcestr.Replace ('#','+') = {0}",sourcestr.
Replace('#','+'));
Console.WriteLine("sourcestr.Replace(\"C#\",\"Studio\") = {0}",sources-
tr.Replace("C#","Studio"));
    }
}
```

例 7-5 的运行结果如图 7-5 所示。

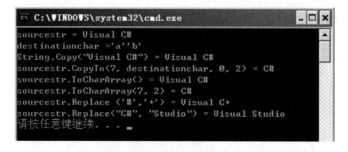

图 7-5　例 7-5 运行结果

5. 字符串插入与字符串移除

（1）String.Insert 方法：在此 String 实例中的指定索引位置插入一个指定的 String 实例。

（2）String.Remove 方法：从此实例中删除指定个数的字符。

（3）String.Trim 方法：从当前 String 对象移除一组指定字符的所有前导匹配项和尾部匹配项。

（4）String.TrimEnd 方法：从当前 String 对象移除数组中指定的一组字符的所有尾部匹配项。

（5）String.TrimStart 方法：从当前 String 对象移除数组中指定的一组字符的所有

前导匹配项。

【例 7-6】　字符串插入与字符串移除。

```
//7-6.cs
class _7_6
{
    static void Main(string[] args)
    {
        string sourcestr = "Visual Studio .NET";
        Console.WriteLine("sourcestr = {0}",sourcestr);
        Console.WriteLine("sourcestr.Insert(18, \"2008\") = {0}",sourcestr.Insert(18,"2008"));
        Console.WriteLine("sourcestr.Remove(14,4) = {0}",sourcestr.Remove(14,4));
        Console.WriteLine("sourcestr.Trim() = {0}",sourcestr.Trim());
        Console.WriteLine("sourcestr.Trim('.','N','E','T') = {0}",sourcestr.Trim('.','N','E','T'));
        Console.WriteLine("sourcestr.TrimEnd('u') = {0}",sourcestr.TrimEnd('N','E','T'));
        Console.WriteLine("sourcestr.TrimStart('u') = {0}",sourcestr.TrimStart('V','i','s','u','a','l'));
    }
}
```

例 7-6 的运行结果如图 7-6 所示。

图 7-6　例 7-6 运行结果

6. 字符串截取与字符串拆分

（1）String.Substring 方法：从此实例检索子字符串。

（2）String.Split 方法：返回的字符串数组包含此实例中的子字符串（由指定字符串或 Unicode 字符数组的元素分隔）。

【例 7-7】　字符串截取与字符串拆分。

```
//7-7.cs
class _7_7
{
```

```
static void Main(string[] args)
{
    string str = "Visual-Studio-.NET";
    Console.WriteLine("str = " + str);
    Console.WriteLine("str.Substring(14) = {0}",str.Substring(14));
    Console.WriteLine("str.Substring(7, 6) = {0}",str.Substring(7, 6));
    string[] strsplit1 = str.Split('-');
    Console.Write("str.Split('-') = ");
    foreach(string s in strsplit1)
        Console.Write(s + " ");
    Console.WriteLine();
    char[] charseparator = {'-'};
    string[] strsplit2 = str.Split(charseparator,3);
    Console.Write("str.Split(ch,3) = ");
    foreach(string s in strsplit2)
        Console.Write(s + " ");
    Console.WriteLine();
}
}
```

例 7-7 的运行结果如图 7-7 所示。

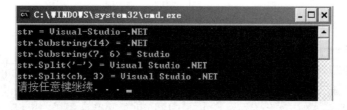

图 7-7　例 7-7 运行结果

7. 字符串格式化

String.Format 方法：使用格式化字符串来设置指定的 String 实例的显示格式。

String.Format 不同重载方法中有一个共同的参数 string。string 是用于描述输出内容的格式项。

格式项的一般形式如下：

{index[,alignment][:formatString]}

index 称为参数说明符，是一个从 0 开始的整数，指示参数列表中对应的元素。也就是说，参数说明符为 0 的格式项格式化列表中的第 1 个值，参数说明符为 1 的格式项格式化列表中的第 2 个值，以此类推。

alignment 称为可选的"对齐"组件，它是一个带符号的整数，指示包含格式化值的区域的最小宽度。如果 alignment 的值小于格式化值的长度，它将被忽略，并且使用格式化值的长度作为当前宽度。如果格式化值的长度小于 alignment，则用空格填充该区域。如果 alignment 为负，则格式化的值将在该区域中左对齐；如果 alignment 为正，则格式化的值将右对齐。如果没有指定 alignment，则该区域的长度为格式化值的长度。如果指定 alignment，则需使用逗号。

formatString 是一个可选的"格式字符串"组件，一般采用以下形式：Axx，其中 A 是格式说明符，xx 是精度说明符。格式说明符用于控制数值的格式类型，而精度说明符则控制格式化输出的有效位数或小数点右边的位数。表 7-1 列举了 C♯ 程序中支持的标准格式说明符。

表 7-1   C♯程序中支持的标准格式说明符

字符	说明	字符	说明
C 或 c	货币	D 或 d	十进制数
E 或 e	科学型	F 或 f	固定点
G 或 g	常规	N 或 n	数字
X 或 x	十六进制		

【例 7-8】 字符串格式化。

```
//7-8.cs
class _7_8
{
    static void Main(string[] args)
    {
        string a = String.Format("a = {0:C}",2.5);
        string b = String.Format("b = {0:D5}",25);
        string c = String.Format("c = {0:E}",250000);
        string d = String.Format("d = {0:F2}",25);
        string e = String.Format("e = {0:G}",2.5);
        string f = String.Format("f = {0:N}",2500000);
        string g = String.Format("g = {0:X}",250);
        Console.WriteLine(a);
        Console.WriteLine(b);
        Console.WriteLine(c);
        Console.WriteLine(d);
        Console.WriteLine(e);
        Console.WriteLine(f);
        Console.WriteLine(g);
    }
}
```

例 7-8 的运行结果如图 7-8 所示。

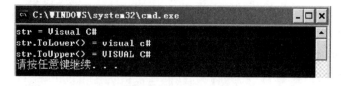

图 7-8 例 7-8 运行结果

.NET 框架中还可以使用 ToString 和 Console.WriteLine 两种方法来格式化字符串。使用的关键点也是格式项的设置。

8. 大小写转换

（1）String.ToLower 方法：返回此 String 转换为小写形式的副本。

（2）String.ToUpper 方法：返回此 String 转换为大写形式的副本。

【例 7-9】 大小写转换。

```
//7-9.cs
class _7_9
{
    static void Main(string[] args)
    {
        string str = "Visual C#";
        Console.WriteLine("str = " + str);
        Console.WriteLine("str.ToLower() = {0}",str.ToLower());
        Console.WriteLine("str.ToUpper() = {0}",str.ToUpper());
    }
}
```

例 7-9 的运行结果如图 7-9 所示。

图 7-9 例 7-9 运行结果

7.2 StringBuilder 类

String 类型的对象都是不可变的，这就意味着，每次修改 string 对象，实际上都会在内存中创建一个新的字符串，这就需要为该新对象分配新的空间。这样内存的开销非常大，严重影响了.NET 应用程序的性能。例如：

```
string str = "the number is ";
for ( int i = 0;i<100;i ++ )
{
    str = string.Concat(str, i.ToString());
}
```

每次执行 Concat 方法时,都会为 str 生成一个新的字符串对象。使用 StringBuilder 类可以较好地解决这一问题。

StringBuilder 类属于 System. Text 命名空间,该类用于定义可变字符的字符串,即 StringBuilder 类的对象允许扩充其字符串中字符的个数。例如:

```
StringBuilder str = new StringBuilder("the number is ");
for ( int i = 0;i<100;i ++ )
{
    str.Append(i);
}
```

在创建了一个 str 对象后,虽然是循环执行 Append 方法,但是每次都不会创建新的对象,而是对原对象直接进行修改,减少了内存开销,极大地提升了性能。

7.2.1 创建字符串变量

通过 StringBuilder 类的构造函数,可以创建 StringBuilder 对象。StringBuilder 类的构造函数的重载形式如表 7-2 所示。

表 7-2 StringBuilder 的构造函数

方法重载形式	说　明
StringBuilder()	初始化 StringBuilder 类的新实例
StringBuilder(Int32)	使用指定的容量初始化 StringBuilder 类的新实例
StringBuilder(String)	使用指定的字符串初始化 StringBuilder 类的新实例
StringBuilder(Int32,Int32)	初始化 StringBuilder 类的新实例,该类起始于指定容量并且可增长到指定的最大容量
StringBuilder(String,Int32)	使用指定的字符串和容量初始化 StringBuilder 类的新实例
StringBuilder(String,Int32,Int32,Int32)	用指定的子字符串和容量初始化 StringBuilder 类的新实例

例如:

```
StringBuilder s1 = new StringBuilder();
StringBuilder s2 = new StringBuilder(16);
StringBuilder s3 = new StringBuilder("Hello");
StringBuilder s4 = new StringBuilder(8,64);
StringBuilder s5 = new StringBuilder("Hello,everyone!",6);
StringBuilder s6 = new StringBuilder("Hello,everyone!",0,15,32);
```

在创建 s5 字符串的代码中,指定的字符串容量为 6,而字符串"Hello,everyone!"的长度为 15,已超出容量大小。

当超出容量时,StringBuilder 对象会在原有空间的基础上,自动分配新的空间,并且容量成翻倍增长。

7.2.2 StringBuilder 类的属性

StringBuilder 类最常见的属性包括:

(1) Chars 属性。获取或设置 StringBuilder 对象中指定位置的字符。其使用方法同 String 类的 Chars 属性相同。

(2) Length 属性。获取或设置 StringBuilder 对象中字符的个数。

(3) Capacity 属性。获取或设置分配给当前 StringBuilder 对象的容量。String-Builder 默认初始分配 16 个字符长度。

【例 7-10】 StringBuilder 类的属性。

```
//7-10.cs
class _7_10
{
    static void Main(string[] args)
    {
        StringBuilder s = new StringBuilder("Hello,everyone!", 6);
        Console.WriteLine("s = " + s);
        Console.WriteLine("s.Length = {0}",s.Length);
        Console.Write("依次取出每个字符:");
        for (int i = 0;i<s.Length;i++)
            Console.Write(s[i] + " ");
        Console.WriteLine();
        Console.WriteLine("s.Capacity = {0}", s.Capacity);
    }
}
```

例 7-10 的运行结果如图 7-10 所示。

图 7-10　例 7-10 运行结果

7.2.3 StringBuilder 类的方法

StringBuilder 类的方法及其重载形式较为复杂,下面主要介绍使用较为广泛的一些方法。

1．字符串追加——Append 方法

语法格式：

对象.Append(t)

其中,t 可以是任意的基本值类型、String 或 Object 类型。

功能：将 t 的内容以字符串的形式追加到当前 StringBuilder 的结尾。

例如：

StringBuilder s = new StringBuilder("Visual Studio ");

s.Append(2008);   // s 的值为"Visual Studio 2008"

2．字符串插入——Insert 方法

语法格式：

对象.Insert(index,t)

其中,index 是要插入内容的位置,t 可以是任意的基本值类型、String 或 Object 类型。

功能：将 t 的内容以字符串的形式插入到当前 StringBuilder 对象的指定索引 index 处。

例如：

StringBuilder s = new StringBuilder("C♯ program");

s.Insert(2,"-");   // s 的值为"C♯-program"

3．字符串替换——Replace 方法

语法格式：

对象.Replace(oldChar,newChar)

对象.Replace(oldString,newString)

功能：将对象中所有指定字符串(或字符)替换为其他指定字符串(或字符)。

例如：

StringBuilder s = new StringBuilder("Visual Studio 2008");

s. Replace("2008",".NET");

4．字符串移除——Remove 方法

语法格式：

对象.Remove(startIndex,length)

其中,startIndex 是要移除的索引起始位置,length 是要移除的字符串长度。

功能：从当前对象中的 startIndex 位置处开始,移除 length 长度的字符。

例如：

StringBuilder s = new StringBuilder("Visual Studio 2008");

s. Remove(14,4);   // s 的值为"Visual Studio "

7.3 正则表达式

正则表达式在基于文本的编辑器和搜索工具中起到了非常重要的作用。正则表达式,是用某种模式去匹配一类字符串的一个公式,也就是用一些匹配符来分析字符串是否匹配成功。例如,在网页中输入的电子邮件地址格式,就可以通过定义正则表达式来验证。正则

表达式使得这些类似的验证工作变得十分简单,而不用去编写大量的代码来实现。

正则表达式由一些普通字符和一些元字符(metacharacters)组成。普通字符包括大小写的字母和数字。不同的元字符具有不同特殊的含义,例如,. 表示匹配任何单个字符;^表示匹配一行的开始;$ 表示匹配行的结束符;* 表示匹配 0 或多个在其之前的那个字符;?表示匹配 0 个或 1 个正好在它之前的那个字符;[ ]表示匹配括号中的任何一个字符;\表示匹配其后列出的这些元字符当作普通的字符来使用;\{i\}表示匹配指定数目的字符。

常用的正则表达式主要有以下几种。

匹配中文字符的正则表达式:[\u4e00-\u9fa5]

匹配由 26 个英文字母组成的字符串:^[A-Za-z] + $

匹配 Email 地址的正则表达式:\w + ([- + .]\w +) * @\w + ([-.]\w +) * \. \w + ([-.]\w +) *

匹配网址 URL 的正则表达式:[a-zA-z] + ://[^\s] *

匹配中国邮政编码:[1-9]\d{5}(?! \d)

匹配身份证:\d{15}|\d{18}

匹配 IP 地址:\d + \. \d + \. \d + \. \d +

当然,正则表达式的写法,也是随着具体的应用而有相应的变化,上述的一些例子,都是一些最简单的写法,仅供参考。

RegularExpressions 命名空间中包含了一些有关正则表达式的类,例如,Regex 类。下面通过例 7-11 来讲解有关 Regex 类的使用。

【例 7-11】 正则表达式的应用。

```csharp
//7-11.cs
using System;
using System.Text.RegularExpressions;
class _7_11
{
    static void Main(string[] args)
    {
        Regex rg = new Regex (@"\d{3}-\d{8}|\d{4}-\d{7}");
        Console.Write ("请输入一个国内座机号码:");
        string phone = Console.ReadLine ();
        while( rg.Match (phone).Success == false )
        {
            Console.WriteLine("输入号码格式不合法。请重新输入!");
            Console.Write("请输入一个国内座机号码:");
            phone = Console.ReadLine();
        }
        if(rg.Match (phone).Success == true)
            Console.WriteLine("输入号码格式合法。");
    }
}
```

例 7-11 的运行结果如图 7-11 所示。

图 7-11　例 7-11 运行结果

习　题

1. 编写一个控制台应用程序,接收一个长度大于 3 的字符串,完成下列功能:

(1) 输出字符串的长度。

(2) 输出字符串中第一个出现字母'a'的位置。

(3) 在字符串的第 3 个字符后面插入子串"hello",输出新字符串。

(4) 将字符串"hello"替换为"me",输出新字符串。

(5) 以字符"m"为分隔符,将字符串分离,并输出分离后的字符串。

2. 编写一个控制台应用程序,接收用户输入的一个字符串,将其中的字符以与输入相反的顺序输出。

3. 编写控制台应用程序:采用除 2 取余法,将十进制正整数转换为二进制字符串。要求:使用条件语句和循环语句。

(1) 使用 while 循环语句,将 number 逐次除以 2,将每次所得的余数添加到字符串 s-temp 的末尾,直至 number 为 1。

(2) 将 number 添加到 s-temp 的末尾。

(3) 利用循环由右至左将 s-temp 的各个字符添加到 s-binary 的末尾。

(4) 输出 s-binary 的值。

4. 编写一个类,其中包含一个排序的方法 Sort()。当传入的是一串整数,就按照从小到大的顺序输出;如果传入的是一个字符串,就将字符串反序输出。

5. 编写控制台应用程序,判断手机号码的类型。要求:

(1) 从控制台输出提示文本"请输入手机号码:";从控制台读入一行文本,并赋值给字符串 s-phone;

(2) 若号码的长度不为 11,或者前两位数字不为 13 或 15,则输出"无效手机号码",结束程序;

(3) 根据 s-phone 的第 3 位数字,判断号码类型:0~2 输出"联通 GSM 用户",3 输出"电信 CDMA 用户",4~9 输出"移动用户"。

6. 试分别编写正则表达式,能够用于:

(1) 匹配腾讯 QQ 号;

(2) 匹配由数字、26 个英文字母或者下画线组成的字符串。

第8章 数组与集合

数组是数据类型相同、数目一定的对象的集合。数组几乎可以定义为任意长度,因此可以使用数组存储数千个乃至数百万个对象,但必须在创建数组时就确定其大小。数组中的每项都按索引进行访问,索引是一个数字,指示对象在数组中的存储位置。

用来存储和管理一组特定类型的数据对象,除了基本的数据处理功能,集合直接提供了各种数据结构及算法的实现,如队列、链表、排序等,可以轻易地完成复杂的数据操作。

本章介绍数组与集合的基本知识:声明数组、创建数组、多维数组、交错数组、foreach 语句、数组与方法、Array 类、常用集合类等。

8.1 声明和创建数组

C♯语言中,数组是一种引用类型,使用前需要声明和创建。本节以一维数组为例讲述数组的声明和创建方式。

8.1.1 声明和创建一维数组

C♯语言中,一维数组的声明形式如下:

数据类型[ ] 数组名

其中,数据类型表示的是数组中元素的类型,它可以是 C♯语言中任意合法的数据类型(包括数组类型);数组名是一个标识符;方括号"[ ]"是数组的标志。例如:

```
int[ ] a;
string[ ] str;
```

与 C、C++语言不同,C♯语言中数组是一种引用类型。声明数组只是声明了一个用来操作该数组的引用,并不会为数组元素实际分配内存空间。因此,声明数组时,不能指定数组元素的个数。例如:

```
int[10] a;        // 错误
```

8.1.2 创建数组

声明数组后,在访问其元素前必须为数组元素分配相应的内存,也即创建数组。创建一维数组的一般形式如下:

数组名[ ] = new 数据类型[数组元素个数]

其中,用于指定数组元素个数的表达式的值必须是一个大于或等于 0 的整数。如果值为

0，则表示该数组不为空（不包含任何元素），一般来说，这种数组没什么实际意义，仅仅是语法上可行。例如，声明一个名为 apple 的整数数组，用来存放 50 箱苹果的每箱个数。

```
apple = new int[50];
```

表示声明一个 apple 的一维整数数组，并且配置数组元素个数为 50 的内存供 apple 数组来使用。

当然，数组的声明和创建完全可以出现在同一条语句中，例如：

```
int apple[] = new int[5];
```

创建 apple 数组，并实例化数组元素后就可以通过索引表达式访问其中的元素。形式如下：

数组名[索引表达式]

其中，索引表达式（也称下标）的值必须是整数类型。数组元素的下标从 0 开始计数，数组中最后一个元素的下标是数组元素个数减 1。如果索引表达式的值大于最大值或小于 0，程序执行时将会发生异常。

【例 8-1】 创建数组。

```
// 8-1.cs
static void Main(string[] args)
{
    int[] a = new int[3];
    float[] f = new float[3];
    bool[] b = new bool[3];
    char[] ch = new char[3];
    object[] obj = new object[3];

    Console.Write("整型数组:");
    for (int i = 0; i<a.Length; i++)
        Console.Write("\t a[{0}] = {1}",i,a[i]);

    Console.Write("\n 浮点型数组:");
    for (int i = 0; i<f.Length; i++)
        Console.Write("\t f[{0}] = {1}",i,f[i]);

    Console.Write("\n 布尔型数组:");
    for (int i = 0; i<b.Length; i++)
        Console.Write("\t b[{0}] = {1}",i,b[i]);

    Console.Write("\n 字符数组:");
    for (int i = 0; i<ch.Length; i++)
        Console.Write("\t ch[{0}] = {1}",i,ch[i]);
```

```
Console.Write("\nobject 型数组:");
for (int i = 0; i<obj.Length; i ++ )
        Console.Write("\t obj[{0}] = {1}",i,obj[i]);
Console.Read();
}
```

例 8-1 的运行结果如图 8-1 所示。

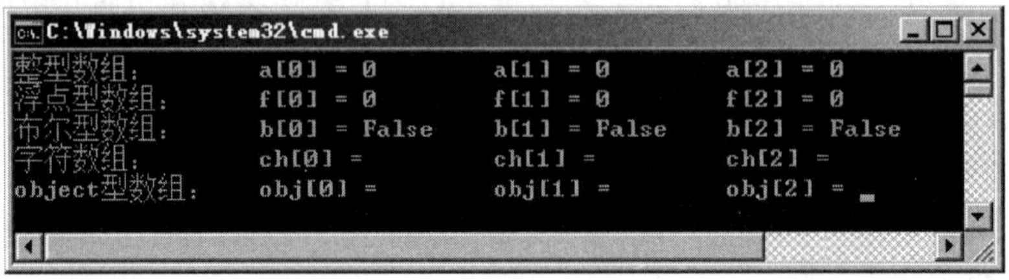

图 8-1 例 8-1 的运行结果

在 C♯程序中,数组实际上是对象。System. Array 是所有数组类型的抽象基类型。可以使用 System. Array 具有的属性以及其他类成员。这种用法的一个示例是使用"长度"(Length) 属性获取数组的长度。例 8-1 中使用的数组的 Length 属性返回的是当前数组中元素的个数。从例 8-1 的运行结果还可以发现,该例中所有数组在声明时没有进行初始化,则数组成员自动初始化为该数组类型的默认初始值,数值数组元素的默认值为零,引用元素的默认值为 null 等。

如果创建的是一个引用类型的数组,那么数组中保存的实际上是知识对象的引用。在访问这些数组元素前,必须使用 new 运算符创建实际的对象。

8.1.3 数组初始化

C♯语言中,可以在创建数组时给数组元素指定初始值,形式如下:

数据类型[]数组名 = new 数据类型[数组元素个数]{ , , , , ,};

其中,花括号中的内容即数组元素的初始值,每两个初始值间用","进行分隔。例如,声明一个名为 sex 的字符数组,里面存放性别代码 M 和 F,M 表示男生,F 表示女生,如下所示:

char[] sex = new char[2] {'M','F'};

上例表示声明一个 sex 的一维字符数组,根据初始值设定的数组元素个数自动配置内存供 sex 字符数组来使用。

必须注意的是,在这种数组初始化形式中,方括号内用于指定数组元素个数的表达式必须与数组中元素的个数相同,因此组元素个数的表达式必须是一个常量表达式,或者省略。例如:

char[] sex = new char[1 + 1] {'M','F'};

或

char[] sex = new char[] {'M','F'};

不能使用变量,例如:

int i = 2;

char[] sex = new char[i] {´M´,´F´};   //错误

但是,在不初始化数组的情况下可以动态指定数组元素个数,例如:

int i = 2;

char[] sex = new char[i];

对于上面的初始化形式,还有一种简洁的写法:

char[] sex = {´M´,´F´};

不过,这种简洁方式只能与数组的声明在同一条语句中,不能分开。例如:

char[] sex;

sex = {´M´,´F´};   // 错误

如果一定要分作两行来初始化,则必须要使用 new 运算符,改写如下:

char[] sex;

sex = new char[]{´M´,´F´};   // 正确

或

char[] sex;

sex = new char[2]{´M´,´F´};   // 正确

声明一个名为 sex 的一维字符数组,并且配置数组元素个数为 2 的内存供 sex 字符数组来使用。图 8-2 可以帮助了解数组索引值与元素内容的对应关系。

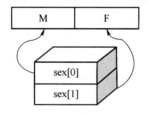

图 8-2　数组索引值与元素内容的对应关系

【例 8-2】 数组初始化。

```
// 8-2.cs
public class fruit
{
    // 水果名称
    private string _FruitName;
    // 水果数量
    private int _Count;
    // 水果名称属性
    public string FruitName
    {
        get { return _FruitName; }
    }
```

```csharp
        // 水果数量属性
        public int Count
        {
                get { return _Count; }
        }
        // 水果类构造函数
        public fruit(string fruitname,int count)
        {
                _FruitName = fruitname;
                _Count = count;
        }
}


class _8_2
{
        static void Main(string[] args)
        {
                int[] a = new int[3]{1,2,3};
                float[] f = new float[]{1.1f,1.2f,1.3f,1.4f};
                bool[] b = {true,false,true};
                char[] ch = {'a','b','c','d'};
                // 引用类型数组初始化必须使用 new 运算符创建元素的实例
                fruit[] Fruit = new fruit[] { new fruit("苹果",10),new fruit("梨
                子",20),new fruit("香蕉",15) };

                Console.Write("整型数组:");
                for (int i = 0; i<a.Length; i++)
                        Console.Write("\t a[{0}] = {1}",i,a[i]);

                Console.Write("\n 浮点型数组:");
                for (int i = 0; i<f.Length; i++)
                        Console.Write("\t f[{0}] = {1}",i,f[i]);

                Console.Write("\n 布尔型数组:");
                for (int i = 0; i<b.Length; i++)
                        Console.Write("\t b[{0}] = {1}",i,b[i]);

                Console.Write("\n 字符数组:");
                for (int i = 0; i<ch.Length; i++)
```

```
                Console.Write("\t ch[{0}] = {1}",i,ch[i]);

        Console.Write("\n 引用类型数组:");
        for (int i = 0; i<Fruit.Length; i++)
                Console.Write("\t Fruit[{0}]:{1}{2}个",i,Fruit[i].
                FruitName,Fruit[i].Count);

        // 用一个数组初始化另外一个数组
        int[] refer = a;
        int[] clone = (int[])a.Clone();
        // 对数组元素值进行修改
        a[0] = 5;
        refer[1] = 8;
        clone[2] = 15;
        // 数组 a 的值已发生更改,除了直接修改第一个元素值外,第二个元
        素随 refer 的修改也发生了变化
        Console.Write("\n 新整型数组 a:");
        for (int i = 0; i<a.Length; i++)
                Console.Write("\t a[{0}] = {1}",i,a[i]);
        // refer 数组也随 a 数组的改变发生了改变,可见数组 refer 内容与
        数组 a 指向的是相同一片内存区域
        Console.Write("\nrefer 数组:");
        for (int i = 0; i<a.Length; i++)
                Console.Write("\t refer[{0}] = {1}",i,refer[i]);
        Console.Write("\ncolone 数组:");
        // 数组 clone 与 a 相互不影响
        for (int i = 0; i<a.Length; i++)
                Console.Write("\t clone[{0}] = {1}",i,clone[i]);
        Console.Read();
    }
}
```

例 8-2 的运行结果如图 8-3 所示。

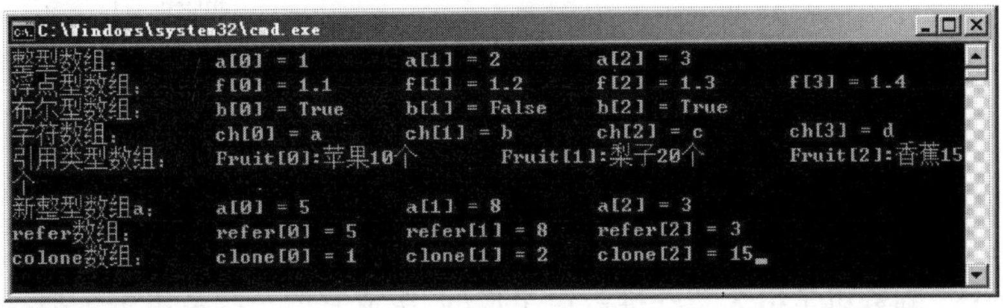

图 8-3 例 8-2 的运行结果

例 8-2 中展示了多种类型数组的初始化方式,从例子中可以看出简单数据类型数组的初始化方式比较灵活,引用类型数组的初始化必须使用 new 运算符。

8.1.4 多维数组

前面介绍的数组都是一维数组,而数组是可以嵌套的,一个数组的元素可以是另外一个数组,这样就构成了多维数组。多维数组的声明格式如下:

数据类型[,,…] 数组名

其中,方括号中的",,"表示数组的维数,数组的维数值为方括号中",,"的数目加 1。没有",,"即一维数组,1 个",,"即二维数组,2 个",,"即三维数组,以此类推,即可声明更多维的数组。例如:

string[,] students;
students = new string[3,2];

创建一个名为 students 的数组,该数组是一个拥有 3 行 2 列的二维字符串数组。多维数组的初始化形式与一维数组的初始化形式类似,例如:

string[,] students;
students = new string[3,2]{{"张姗","女"},{"李思","男"},{"王武","男"}};

声明一个名为 students 的二维字符串数组,并分配相应的存储空间用来存放 3 个学生的姓名、性别信息。实例化数组元素后就可以通过索引表达式访问其中的元素。格式如下:

数组名[索引表达式 1,索引表达式 2,…]

与一维数组的索引表达式相同,多维数组的索引表达式的值必须是整数类型。因为多维数组是由一维数组嵌套而成,多维数组的索引表达式值的取值范围从 0 到数组长度减 1。数组的维数是多少就有多少个索引表达式,表达式间用","分隔。图 8-4 可以帮助了解多维数组索引值与元素内容的对应关系。

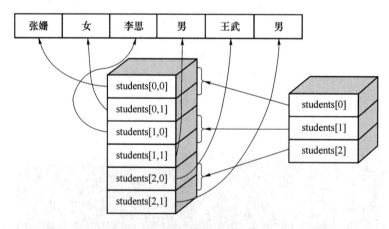

图 8-4 多维数组索引值与元素内容的对应关系

students 二维数组是由 3 个一维数组组成的,组成它的一维数组每个拥有 2 个元素。多维数组的遍历需用多重循环,一个下标对应于一重循环控制变量。二维数组的整体操作用两重循环完成,外重循环对应下标1,内重循环对应下标2。

二维以上数组也可以参考这种方式来学习。三维数组就是由若干个二维数组组成的,如下所示:

```
string[,,] group = new string[3,2,2]
{
            {{"张姗","女"},{"李思","男"}},
            {{"王武","男"},{"赵柳","女"}},
            {{"张姗","女"},{"李思","男"}}
}
```

上面的代码创建了一个三维数组 group,用来存放 3 组学生信息,每组学生信息都是一个 2 行 2 列的二维数组。

【例 8-3】 数组初始化。

```
// 8-3.cs
static void Main(string[] args)
{
    // 声明一个二维字符串数组 students
    string[,] students;
    // 初始化 students 数组为 3 行 2 列
    students = new string[,]{{"张姗","女"},{"李思","男"},{"王武","男"}};

    // 数组的维数
    Console.WriteLine("students 数组的维数:{0}\n",students.Rank);

    // 数组的维度
    for (int i = 0; i<students.Rank; i++ )
        Console.WriteLine("students 数组{0}维维度:{1}",i + 1,students.
        GetLength(i));

    // 数组长度
    Console.WriteLine("\n 数组长度:{0}\n",students.Length);

    // 计算多维数组长度,数组长度为维度值的乘积
    int len = 1;
    for (int i = 0; i<students.Rank; i++ )
        len *= students.GetLength(i);
    Console.WriteLine("多维数组长度 = 各维维度的乘积:{0}\n",len);

    // 遍历二维数组 students
    for (int i = 0; i<students.GetLength(0); i++ )
    {
```

```
        Console.Write("第{0}名学生信息:",i+1);
        for (int j = 0; j<students.GetLength(1); j++)
        {
                Console.Write("\t{0}",students[i,j]);
        }
        Console.Write("\n");
    }
    Console.Write("\n");

    // 声明并初始化三维字符串数组 group
    string[,,] group = new string[3,2,2]{{{ "张姗","女" },{ "李思","男" }},
{{ "王武","男" },{ "赵柳","女" }},{{ "孙琦","女" },{ "周霸","男" }}};

    // 遍历三维数组 group
    for (int i = 0; i<group.GetLength(0); i++)
    {
        Console.Write("第{0}组:",i+1);
        for (int j = 0; j<group.GetLength(1); j++)
        {
                Console.Write("\t 第{0}名学生信息:",j+1);
                for (int k = 0; k<group.GetLength(2); k++)
                {
                        Console.Write("\t{0}",group[i,j,k]);
                }
        }
        Console.Write("\n");
    }
    Console.Read();
}
```

例 8-3 的运行结果如图 8-5 所示。

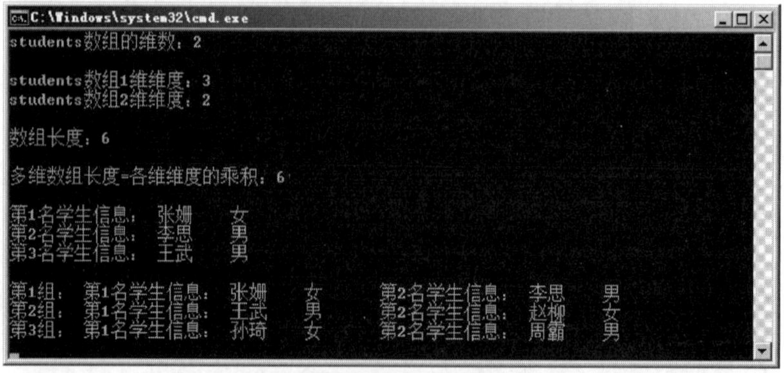

图 8-5　例 8-3 的运行结果

例 8-3 中,数组的 Rank(秩)属性返回的是数组的维数;方法 GetLength 返回的是当前数组中指定维的长度(维度),其参数即为维的序号;Length 属性返回的是当前数组中元素的总数。

8.1.5 交错数组

交错数组是指数组的元素又是一个数组,这和多维数组是不一样的,也就是说交错数组就是"数组的数组"。例如:

```
int[][] JaggedArray = new int[3][];
```

就声明并创建了一个整型交错数组,它是由 3 个一维整型数组组成的,和二维数组不同的是,错数组需要定义两个[]号,在不指定初始指的情况下,必须指定第 1 个下标的数值,第 2 个下标不能指定。交错数组内的每个元素都是引用类型的,元素的默认值为 null。在访问其元素前,必须使用 new 运算符初始化。例如:

```
JaggedArray[0] = new int[2];
JaggedArray[1] = new int[3];
JaggedArray[2] = new int[5];
```

上例中,交错数组 JaggedArray 的每个元素都是一个一维整型数组。第 1 个元素被设置为拥有 2 个整型元素的数组;第 2 个元素被设置为拥有 3 个整型元素的数组;第 3 个元素被设置为拥有 5 个整型元素的数组。从中可以发现交错数组元素中所包含的数组元素的维数可以不同。

交错数组内部的每个数组都是可以独立指定维数的,另外不像二维数组那样有列就有行。查看数组的 Rank 属性就能发现任意交错数组的维数都为 1,也就是说交错数组实际上是一维数组,数组中的每一列长度可以不同,因为不规则数组每一列长度是根据新实例化数组的长度来决定的。交错数组又被称为"不规则数组"。

交错数组同样可以使用初始值列表的进行初始化,可以不指定数组的长度,例如:

```
JaggedArray[0] = new int[2]{1,2};        // 指定数组长度
JaggedArray[1] = new int[]{3,4,5};       // 不指定数组长度
JaggedArray[2] = new int[]{6,7,8,9,10};
```

交错数组的初始化还可以在声明时直接进行,例如:

```
int[][] JaggedArray = new int[][]
{
        new int[2]{1,2},
        new int[]{3,4,5},        // 可以不指定元素数组的长度
        new int[]{6,7,8,9,10}
}
```

交错数组元素值的访问可以使用如下所示的形式:

```
JaggedArray[0][1] = 11;
JaggedArray[2][4] = 12;
```

上面将 JaggedArray 交错数组的第 1 个数组元素中的第 2 个元素赋值为 11,将第 3 个数组元素中的第 5 个元素赋值为 12。

交错数组中也可以使用多维数组作为其元素。下例声明和初始化一个交错数组,该数组中的所有元素都是二维数组。

```
int[][,] JaggedArray1 = new int[][,]
{
        new[,] { { 1,2,3 },{ 4,5,6 } },
        new int[,] { { 7,8 },{ 9,10 },{ 11,12 } }
};
```

上例中声明并创建了一个整形的交错数组,该数组包含两个整形二维数组元素,分别是 2 行 3 列和 3 行 2 列。访问该数组中的元素值可以使用如下方式:

```
JaggedArray1[1][2,0] = 15;
```

将 JaggedArray1 交错数组中的第 2 个数组元素的第 3 行第 1 列的数值赋值为 15。

【例 8-4】 数组初始化。

```
// 8-4.cs
static void Main(string[] args)
{
        // 交错数组需要定义两个[]号,在不指定初始指的情况下,必须指定第 1 个
        下标的个数,第 2 个下标不能指定
        int[][] JaggedArray = new int[][]{
                new int[]{1,2},
                new int[]{3,4,5},
                new int[5]{6,7,8,9,10}
        };
        int[][,] JaggedArray1 = new int[][,]{
                new[,] { { 1,2,3 },{ 4,5,6 } },
                new int[,] { { 7,8 },{ 9,10 },{ 11,12 } }
        };

        // 交错数组的维数都是 1
        Console.WriteLine("交错数组是一维数组");
        Console.WriteLine("JaggedArray 的维数:{0},JaggedArray1 的维数:{1}",
        JaggedArray.Rank,JaggedArray1.Rank);
        Console.WriteLine("\n 交错数组的长度值即其包含的数组元素个数");
        Console.WriteLine("JaggedArray 的长度:{0},JaggedArray1 的长度:{1}",
        JaggedArray.Length,JaggedArray1.Length);

        // 遍历交错数组
        Console.WriteLine("\nJaggedArray 数组包含{0}个数组元素",JaggedAr-
        ray.Length);
        for (int i = 0; i<JaggedArray.Length; i++)
        {
```

```
Console.Write("JaggedArray 中的第{0}个数组元素:",i + 1);
// 使用 Length 属性动态获取一维数组元素个数
for (int j = 0; j<JaggedArray[i].Length; j++)
{
        Console.Write("{0}\t",JaggedArray[i][j]);
}
Console.Write("\n");
}

Console.WriteLine("\nJaggedArray1 数组包含{0}个数组元素",JaggedAr-
ray1.Length);;
for (int i = 0; i<JaggedArray1.Length; i++)
{
        Console.Write("JaggedArray 中的第{0}个数组元素:\n",i + 1);
        // 使用 GetLength 方法动态获取二维数组元素的行列值
        for (int j = 0; j<JaggedArray1[i].GetLength(0); j++)
        {
                for (int k = 0; k<JaggedArray1[i].GetLength(1); k++)
                {
                        Console.Write("{0}\t",JaggedArray1[i][j,k]);
                }
                Console.Write("\n");
        }
        Console.Write("\n");
}
Console.Read();
}
```

例 8-4 的运行结果如图 8-6 所示。

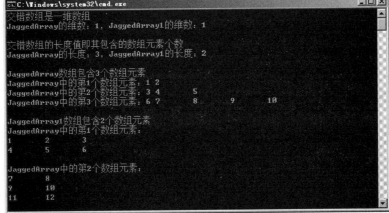

图 8-6　例 8-4 的运行结果

8.2　数组与方法

与 C♯语言中一般对象相同,数组也可以在方法之间进行传递。

8.2.1　将数组传递给方法

可以将初始化的一维数组传递给方法。例如:

```
PrintArray(theArray);
```

上面的行中调用的方法可定义为:

```
void PrintArray(int[] arr)
{
    // 方法代码
}
```

也可以在一个步骤中初始化并传递新数组。例如:

```
PrintArray(new int[] { 1,3,5,7,9 });
```

多维数组作为参数传递给方法的形式与一维数组类似。

以上面的形式调用结束后数组内的值不会发生更改,如果希望调用结束后数组的值发生改变就需要使用 ref 或 out 方式来传递参数,并且这两个关键字都必须显式地使用。

使用 ref 关键字传递数组时,与所有的 ref 参数一样,数组在调用前必须明确赋值。而在使用 out 关键字时不必须对数组进行赋值。

【例 8-5】　将数组传递给方法。

```
// 8-5.cs
private static void TestMethod1(int[] arr)
{
    int sum = 0;
    for (int i = 0; i<arr.Length; i++)
        sum += arr[i];
    Console.WriteLine("计算结果:{0}",sum);
    arr = new int[] { 5,4,3,2,1 };
}


private static void TestMethod2(ref int[] arr)
{
    int sum = 0;
    for (int i = 0; i<arr.Length; i++)
        sum += arr[i];
    Console.WriteLine("计算结果:{0}",sum);
    arr = new int[] { 5,4,3,2,1 };
```

```csharp
}

private static void TestMethod3(out int[] arr)
{
    // out 参数所在的方法中,out 参数使用前必须先进行赋值
    arr = new int[] { 11,12,13,14,15 };
    int sum = 0;
    for (int i = 0; i<arr.Length; i++)
        sum += arr[i];
    Console.WriteLine("计算结果:{0}",sum);
}

static void Main(string[] args)
{
    int[] arr = new int[] {1,2,3,4,5};
    Console.WriteLine("以值参数传递数组:");
    Console.Write("调用 TestMethod1 前的数组:");
    for (int i = 0; i<arr.Length; i++)
        Console.Write("{0}\t",arr[i]);
    Console.WriteLine();
    // 值参数传递
    TestMethod1(arr);
    Console.Write("调用 TestMethod1 后的数组:");
    for (int i = 0; i<arr.Length; i++)
        Console.Write("{0}\t",arr[i]);

    Console.WriteLine("\n\n 以引用参数传递数组:");
    Console.Write("调用 TestMethod2 前的数组:");
    for (int i = 0; i<arr.Length; i++)
        Console.Write("{0}\t",arr[i]);
    Console.WriteLine();
    // 引用参数传递
    TestMethod2(ref arr);
    Console.Write("调用 TestMethod2 后的数组:");
    for (int i = 0; i<arr.Length; i++)
        Console.Write("{0}\t",arr[i]);

    Console.WriteLine("\n\n 以输出参数传递数组:");
```

```
Console.Write("调用 TestMethod3 前的数组:");
for (int i = 0; i<arr.Length; i++)
        Console.Write("{0}\t",arr[i]);
Console.WriteLine();
// 输出参数传递
TestMethod3(out arr);
Console.Write("调用 TestMethod3 后的数组:");
for (int i = 0; i<arr.Length; i++)
        Console.Write("{0}\t",arr[i]);

Console.Read();
}
```

例 8-5 的运行结果如图 8-7 所示。

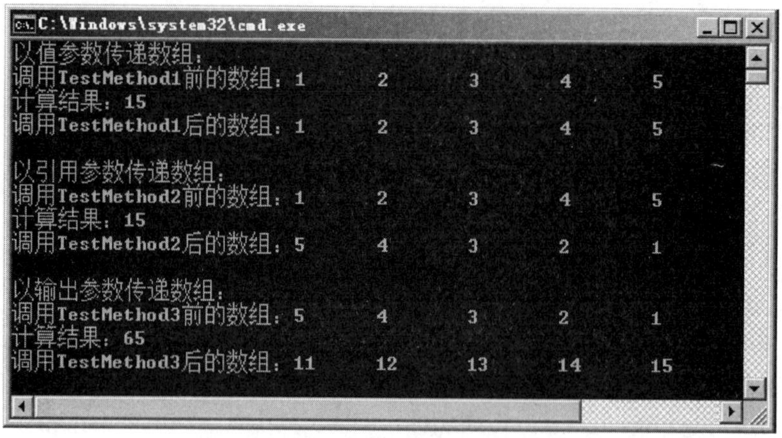

图 8-7　例 8-5 的运行结果

例 8-5 中,TestMethod1 方法对数组所作的修改只在该方法中有效,并不影响 main 方法中 arr 数组的值。而 TestMethod2 使用了 ref 参数传递数组,这种方式中方法对数组的修改会反映到调用这个方法的方法中,即 main 方法中 arr 数组的值发生了改变,在调用 TestMethod2 方法前 arr 必须赋初值。TestMethod3 方法使用 out 参数传递数组,这种方式传递的参数必须要在方法中对传递进去的参数重新赋值,因而,在调用 TestMethod3 方法前可以不必对 arr 数组赋初值。

8.2.2　参数数组

迄今为止所涉及的例子中,方法中参数数量都用方法声明进行了固定。然而,我们有时希望参数的数量是可变的。C#语言提供了一个特殊的关键字(params),它允许在调用一个方法时提供数量可变的参数,而不是由方法事先固定好参数的数量。参数数组允许多个参数用一个自变量来表示。换言之,参数数组允许可变长度的自变量列表,从而简化编程。

参数数组就是指用关键字 params 修饰的数组类型的形式参数。参数数组的类型总是一维数组类型。在方法声明中只能用一个 params 修饰符,而且必须是最后一个。

【例 8-6】　参数数组。

```
// 8-6.cs
static void Main(string[] args)
{
    int[] arr = new int[] {1,2,3};
    // 整数数组作为整数参数数组参数
    ParamsMethod(arr);
    // 整数列表作为整数参数数组参数
    ParamsMethod(11,12,13,14,15);
    // 新建整数数组作为整数参数数组参数
    ParamsMethod(new int[] { 20,30,40,50 });
    // 空参数
    ParamsMethod();

    // 多种不同类型的参数
    MyWriteMethod("{0}{1}{2}{3}{4}",1,"abc",2.5f,'n',true);
    // 参数数组为空
    MyWriteMethod("\n");
    // 引用类型参数
    MyWriteMethod("系统时间:{0}\n",DateTime.Now);

    Console.Read();
}

private static void MyWriteMethod(string Msg,params object[] obj)
{
    if (obj == null)
    {
        Console.Write(Msg);
        return;
    }

    for (int i = 0; i<obj.Length; i++)
    {
        // 将{n}的形式用对应数组元素替换
        Msg = Msg.Replace("{" + i + "}",obj[i].ToString());
```

```
        }
        Console.Write(Msg);
    }

private static void ParamsMethod(params int[] list)
{
        for (int i = 0; i<list.Length; i++)
        {
                Console.Write(list[i] + "\t");
        }
        Console.WriteLine();
}
```

例 8-6 的运行结果如图 8-8 所示。

图 8-8　例 8-6 运行结果

8.2.3　返回数组

数组也可以用作方法的返回值,需要注意的是从某一方法返回数组,实际返回的只是一个数组的引用。

【**例 8-7**】　返回数组。

```
// 8-7.cs
static void Main(string[] args)
{
        int[] a = { 1,3,5,7,9 };
        int[] a1;

        a1 = CopyArray(a);
        for (int i = 0; i<a1.Length; i++)
                Console.Write("a1[{0}] = {1}\t",i,a1[i]);

        Console.Read();
}
```

```
public static int[] CopyArray(int[] array)
{
        int[] a = new int[array.Length];
        // 复制参数数组的值到局部变量
        for (int i = 0; i<array.Length; i++)
        {
                a[i] = array[i];
        }


        // 返回数组
        return a;
}
```

例 8-7 的运行结果如图 8-9 所示。

图 8-9　例 8-7 运行结果

由例 8-9 可知,通过返回的数组对象引用,可以操作相应数组中的所有元素。

8.3　Array 类

所有的数组类型都继承自 System.Array 抽象类,该类提供了一些方法可以对数组进行复制、排序、搜索等操作。

8.3.1　数组的复制

复制数组时除了可以编写循环语句来复制数组的全部或部分元素到另外一个数组,也可以使用 Array 类提供的 Copy 方法来完成该操作。

【例 8-8】　Array 类。

```
// 8-8.cs
static void Main(string[] args)
{
        // 一维数组的复制
        int[] a = {1,3,5,7,9};
        int[] b = {0,0,0,0};
        Console.WriteLine("将一维数组 a 的前两元素赋值给数组 b");
        // 从数组 a 向数组 b 复制前 2 个元素
        Array.Copy(a,b,2);
```

```
for (int i = 0; i<b.Length; i++)
        Console.Write("b[{0}] = {1}\t",i,b[i]);
Console.WriteLine();

// 多维数组的复制
int[,] A = new int[,]{ { 1,3 },{ 5,7 },{ 9,11 } };
int[,] B = new int[,]{ { 0,0 },{ 0,0 },{ 0,0 } };

Console.WriteLine("将二维数组 A 的前 3 个元素赋值给数组 B");
Array.Copy(A,B,3);
for (int i = 0; i<B.GetLength(0); i++)
{
        for (int j = 0; j<B.GetLength(1); j++)
                Console.Write("b[{0}][{1}] = {2}\t",i,j,B[i,j]);
        Console.WriteLine();
}

Console.Read();
}
```

例 8-8 的运行结果如图 8-10 所示。

图 8-10　例 8-8 运行结果

从案例代码和运行结果可以看出，使用 Array.Copy 函数可以使数组复制的代码变得非常简洁，必须注意的是使用 Array.Copy 函数时，源数组和目的数组必须具有兼容的数据类型，该方法在复制数据时会自动进行强制类型转换。

8.3.2　数组排序

对数组元素进行排序除了编写排序算法进行排序外，也可以使用 Array 类提供的方法 Array.Sort 进行排序。Array.Sort 方法可以对数组中全部元素也可以是部分元素按升序排序，但只能对一维数组进行操作。

【例 8-9】　数组排序。

// 8-9.cs

```
static void Main(string[] args)
{
        int[] a = { 11,9,7,5,3,1 };

        Console.WriteLine("排序前数组内容:");
        for (int i = 0; i<a.Length; i++)
                Console.Write("a[{0}]={1}\t",i,a[i]);
        Console.WriteLine();

        Array.Sort(a,1,3);
        Console.WriteLine("调用 Array.Sort(a,1,3)后数组内容:");
        for (int i = 0; i<a.Length; i++)
                Console.Write("a[{0}]={1}\t",i,a[i]);

        Console.WriteLine();
        Array.Sort(a);
        Console.WriteLine("调用 Array.Sort(a)后数组内容:");
        for (int i = 0; i<a.Length; i++)
                Console.Write("a[{0}]={1}\t",i,a[i]);

        Console.Read();
}
```

例 8-9 的运行结果如图 8-11 所示。

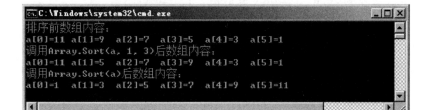

图 8-11　例 8-9 运行结果

8.3.3　在数组中查找

调用方法 Array.BinarySearch 可以在一个一维数组中查找某个元素。如果有匹配的数据,该方法将返回该数据在数组中的索引值,否则返回-1。

【例 8-10】　在数组中查找。

```
// 8-10.cs
static void Main(string[] args)
{
```

```
int[] a = { 11,9,7,5,3,1,0 };
string[] b = { "ABC","abc","123"," +- * ","&|~" };
int[] c = { 'b','d','e','a','f','k','a' };
double[] d = { 2,1,3.5,4.1,0,100.1,33 };

Console.WriteLine("在整型数组{11,9,7,5,3,1,0}中查找数值"3"");
int index = Array.BinarySearch(a,3);
Console.WriteLine("查找结果:" + index);

Array.Sort(a);
Console.WriteLine("在使用 Sort 方法排序后的整型数组{11,9,7,5,
3,1,0}中查找数值"3"");
index = Array.BinarySearch(a,3);
Console.WriteLine("查找结果:" + index);

Console.WriteLine("在字符串数组{\"ABC\",\"abc\",\"123\",\" +- * \",
\"&|~\"}中查找字符串"123"");
ndex = Array.BinarySearch(b,"123");
Console.WriteLine("查找结果:" + index);

Console.WriteLine("在字符数组{'b','d','e','a','f','k','a'}中查找数
值"a"");
index = Array.BinarySearch(c,'a');
Console.WriteLine("查找结果:" + index);

Console.WriteLine("在浮点数数组{2,1,3.5,4.1,0,100.1,33}中查找
数值"1"");
index = Array.BinarySearch(d,1);
Console.WriteLine("查找结果:" + index);
}
```

例 8-10 的运行结果如图 8-12 所示。

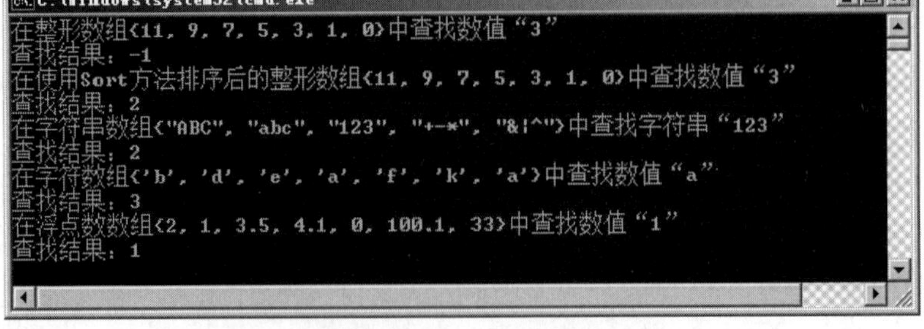

图 8-12　例 8-10 运行结果

从案例代码和运行结果可以看出,使用 Array.BinarySearch 函数可以方便地查找到某个值是否存在于数组中。需要注意的是对于整型数组必须先调用 Array.Sort 方法后,才能得到正确结果。

8.4 foreach 语句

foreach 语句在编程目的上与 for 语句相似,用来遍历数组或其他集合类型内的元素。

C♯语言中,froeach 语句的一般形式如下:

foreach(元素数据类型 循环变量名 in 集合)

    语句

其中"元素数据类型"必须与集合中元素的数据类型相兼容。foreach 语句的执行总是从集合的第一个元素开始逐一对集合进行遍历。需要注意的是,在 foreach 代码块中,元素的值如果是简单类型,其值不能被改变;如果是对象变量时调用对象的相关方法则可能会改变变量的值。

【例 8-11】 foreach 语句。

```
// 8-11.cs
class _8_11
{
    static void Main(string[] args)
    {
        int sum = 0;
        int[] a = { 1,3,5,7,9 };

        Console.WriteLine("数组元素:");
        // 数组元素为简单类型
        foreach (int i in a)
        {
            sum += i;
            Console.Write("{0}\t",i);
            // i++;  //当试图改变简单变量值时会出现如下错误:"i"是
                    一个"foreach 迭代变量",无法为它赋值
        }
        Console.WriteLine();
        Console.WriteLine("整形数组所以元素的和为:{0}",sum);
        Console.WriteLine();

        ComplexVar[] b = {new ComplexVar(1,2),new ComplexVar(2,3)};
```

```
        int index = 0;

        Console.WriteLine("对象类型数组原始值:");
        foreach (ComplexVar Comp in b)
        {
                Console.WriteLine("对象变量数组元素 b[{0}].i = {1},b[{0}].
                j = {2}",index,Comp.i,Comp.j);
                Comp.i += 1;
                Comp.j -= 1;
                index ++ ;
        }
        Console.WriteLine();

        Console.WriteLine("foreach 语句中修改对象类型元素后结果:");
        index = 0;
        foreach (ComplexVar Comp in b)
        {
                Console.WriteLine("对象变量数组元素 b[{0}].i = {1},b[{0}].
                j = {2}",index,Comp.i,Comp.j);
                index ++ ;
        }

        Console.Read();
    }
}


class ComplexVar
{
    public int i;
    public int j;
    public ComplexVar(int Val1,int Val2)
    {
        i = Val1;
        j = Val2;
    }
}
```

例 8-11 的运行结果如图 8-13 所示。

图 8-13　例 8-11 运行结果

例 8-11 中,第 1 个 foreach 语句的一维整形数组内的元素为简单类型,其值不能被改变,否则会引发编译异常;第 2 个 foreach 语句中的一维数组元素为对象类型,其值可以在语句中被改变。

8.5　常用集合类

什么是集合? 集合就如同数组,用来存储和管理一组特定类型的数据对象,除了基本的数据处理功能外,集合直接提供了各种数据结构及算法的实现,如队列、链表、排序等,可以轻易地完成复杂的数据操作。在使用数组和集合时要先加入 System. Collections 命名空间,它提供了支持各种类型集合的接口及类。集合本身也是一种类型,可以将其作为存储一组数据对象的容器。由于 C♯ 语言面向对象的特性,管理数据对象的集合同样被视为对象,而存储在集合中的数据对象则被称为集合元素。

8.5.1　ArrayList 类

ArrayList 代表一个能根据需要动态增加大小的一维数组。它能包含任何托管类型的元素,而且不要求所包含元素的数据类型相同。ArrayList 被创建时会有一个默认容量,大小为 4,当添加元素时 ArrayList 的容量不会继续增加,直到元素个数超过当前容量值,该值会在当前容量基础上翻倍。

ArrayList 对象是较为复杂的数组。我们可以将它看作一个扩充了功能的数组,但ArrayList 并不等同于数组,与数组相比,它们的功能和区别是:

(1) 数组的容量是固定的,但 ArrayList 的容量可以根据需要自动扩充。当我们修改了 ArrayList 的容量时,可以自动进行内存重新分配和元素复制,比如往 1 号索引位插入 n 个元素,插入后,元素的索引依次向后 n 个位置排列,它是动态版本的数组类型,有时候我们称 ArrayList 为动态数组。

(2) 在数组中,只能一次获取或设置一个元素的值,如利用索引赋值。ArrayList 提供添加、插入或移除某一范围元素的方法。

(3) 数组可以是多维,而 ArrayList 只有一维。

(4) 数组要求所有元素类型一致,而 ArrayList 的每个元素的数据类型都可以不相同。

【例 8-12】　ArrayList 的应用。

```
// 8-12.cs
static void Main(string[] args)
{
    ArrayList al = new ArrayList();

    // Add 方法向 ArrayList 的末尾添加 2 个字符串元素
    al.Add("Hello");
    al.Add("!");
    al.Add("!");

    // 显示 ArrayList 内容
    DisplayArrayList(al);

    // Insert 方法在指定的索引处插入 1 个字符串元素
    al.Insert(1,"World");
    DisplayArrayList(al);

    // InsertRange 方法在指定索引处批量插入整形元素
    int[] s = { 1,1,1,1,1,1,1 };
    al.InsertRange(1,s);
    DisplayArrayList(al);

    for (int i = 0; i<2; i++ )
        // 删除索引处元素
        al.RemoveAt(1);
    DisplayArrayList(al);

    // Remove 方法删除第一个与指定值匹配的元素
    al.Remove("!");

    // IndexOf 方法查找是否有匹配的值,找到返回索引值,找不到则返回 -1
    while (al.IndexOf(1)! = -1)
        al.Remove(1);
    DisplayArrayList(al);

    // Contains 方法也具有查找功能,找到返回 true,找不到则返回 false
```

```
        Console.WriteLine("查找！的结果:{0}",al.Contains("!"));

        // Clear 方法清除 ArrayList 中的所有元素
        al.Clear();
        Console.WriteLine("调用 Clear 方法后,al.Count = {0}",al.Count);

        Console.Read();
}

static void DisplayArrayList(ArrayList al)
{
        for (int i = 0; i<al.Count; i++)
                Console.Write("{0} ",al[i]);
        Console.WriteLine();
}
```

例 8-12 的运行结果如图 8-14 所示。

图 8-14　例 8-12 运行结果

通过例 8-12 我们应该已经了解了集合 ArrayList 的常用方法,下面再来总结一下 ArrayList 相比数组有什么好处? ArrayList 占用空间可以根据元素数量按需动态增加, 不用受事先设置大小的影响;可以方便地添加、插入或移除某一范围元素,这些是数组所 不能做到的。但是它也有不足,在 ArrayList 中,不管对象是什么类型都会添加到集合 中,在遍历的时候,为防止集合中元素的类型不一致,所以最好使用 object 类型来接收遍 历的元素。

8.5.2　Queue 类

Queue 类封装了一个先进先出(FIFO,First In First Out)的集合。队列用来存储以 入队的先后顺序进行处理的对象。Queue 对象具有一个增长系数,它表示了当存储的元 素数达到了它的容量,这个容量会根据增长系数自动增加。该系数的默认值为 2.0,即当 队列满时,容量会倍增。

Queue 对象使用 Enqueue 方法向队列的结尾处添加元素;Queue 对象使用 Dequeue

方法从队列的头部移除并返回元素;Queue 对象使用 Peek 方法返回队列头部元素,但不移除。

下面的代码演示了将 3 个字符串入队,再按先进先出的原则被删除。

```
Queue q = new Queue();
// Enqueue 方法向队列的末尾加入数据元素
q.Enqueue("Hello");
q.Enqueue("world");
q.Enqueue("!");


// Peek 方法查看位于 Queue 顶部的数据元素,但不移除
Console.WriteLine("堆顶部元素为:{0}",q.Peek());


int count = q.Count;
for (int i = 0; i<count; i++)
        // Dequeue 方法得到并移除顶部的数据元素
        Console.Write(" {0}",q.Dequeue());
```
输出:
Hello world !

8.5.3　Stack 类

Stack 类模仿了一个简单的后进先出(LIFO,Last In First Out)集合。堆用来存储以加入堆的先后顺序进行处理的对象。Stack 类在本质上与它的近亲 Queue 类很相似,只是元素进出的方向不同。

下面的代码演示了将 3 个字符串加入堆中,再按后进先出的原则从堆中删除。

```
Stack sk = new Stack();


// Push 方法向堆中压入数据元素,最后压入的数据在最顶部
sk.Push("!");
sk.Push("world");
sk.Push("Hello");


int count = sk.Count;
// Peek 方法查看位于堆顶部的数据元素,但不移除
Console.WriteLine("堆顶部元素为:{0}",sk.Peek());


for (int i = 0; i<count; i++)
        // Pop 方法弹出堆顶部的数据元素
        Console.Write(" {0}",sk.Pop());
```

输出：

Hello world！

8.5.4　Hashtable 类

Hashtable 类封装了一个键/值（key/value）对的集合，它们根据键的散列代码组织在一起，键通常用来进行快速查找，同时键是大小写敏感的；值用于存储对应于键的值。Hashtable 中键/值对的键与值均为 object 类型，所以 Hashtable 可以支持任何类型的键/值对。

当一个键/值对被添加到 Hashtable 中，根据键的散列代码把它放入一个存储桶（bucket）中。这加速了访问键/值对的进程，因为查找机制只对一个存储桶中的键进行查找。键、值总是成对出现的，找到了键相应的就找到了值。正因为键是散列存放的，所以是无序的，也就不能使用下标的方式来访问 Hashtable 的值。

【例 8-13】　Hashtable 的应用。

```csharp
// 8-13.cs
static void Main(string[] args)
{
    Hashtable ht = new Hashtable();
    ht.Add("name","张姗");
    ht.Add("age",20);
    ht.Add("sex","女");
    ht.Add("addr","湖北荆州");

    // 已知 key 的前提下访问 Hashtable
    Console.WriteLine("name = {0} age = {1} sex = {2} addr = {3}",ht["name"],
    ht["age"],ht["sex"],ht["addr"]);
    Console.WriteLine();

    Console.WriteLine("遍历 Hashtable");
    DisplayHashtable(ht);

    // 移除键"age"及与之相关的值
    ht.Remove("age");
    DisplayHashtable(ht);

    Console.WriteLine("查找键"age"的结果：{0}\t 查找键"sex"的结果：{1}",
    ht.Contains("age"),ht.Contains("sex"));
    Console.WriteLine("查找值"张姗"的结果：{0}",ht.ContainsValue
    ("张姗"));
```

```
        Console.Read();
}

static void DisplayHashtable(Hashtable ht)
{
        // 根据键遍历 Hashtable
        foreach (object key in ht.Keys)
        {
                Console.WriteLine("{0} = {1}",(string)key,ht[(string)key]);
        }

        // 根据键/值对遍历 Hashtable
        //foreach (DictionaryEntry de in ht)
        //{
        // 使用键/值对的 Key、Value 属性分别获取键和值
        //    Console.WriteLine("{0} = {1}",de.Key,de.Value);
        //}

        Console.WriteLine();
}
```

例 8-13 的运行结果如图 8-15 所示。

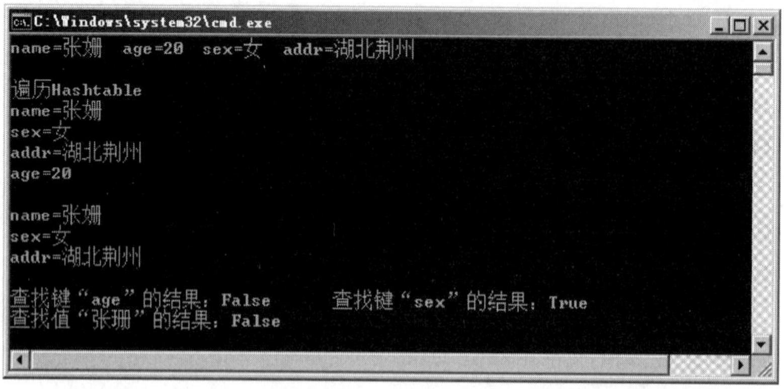

图 8-15　例 8-13 运行结果

例 8-13 中，使用 Add 方法可以非常方便地向 Hashtable 中添加元素，如果键存在则替换旧值；调用 Remove 方法可以通过键将键/值对从 Hashtable 中移除。从遍历 Hashtable 的结果可以清楚地看到元素在 Hashtable 中存放的顺序与插入的顺序无关，这也证明 Hashtable 中的元素是散列存放的。使用 Hashtable 的意义在于可以使用一个表达含义清晰、便于记忆的键来索引其关联的值。

习　题

1. 建立一个一维数组,使用该数组存储所学习的课程名称,并输出。

2. 编写程序,把由 10 个元素组成的一维数组逆序存放再输出。

3. 定义一个行数和列数相等的二维数组,并执行初始化,然后计算该数组两条对角线上的元素值之和。

4. 编写程序,统计 4 * 5 二维数组中奇数的个数和偶数的个数。

5. 编写一个应用程序用来输入的字符串进行加密,对于字母字符串加密规则如下:

'a'→'d','b'→'e'……'w'→'z','x'→'a','y'→'b','z'→'c';

'A'→'B','B'→'E'……'W'→'Z','X'→'A','Y'→'B','Z'→'C'

对于其他字符,不进行加密。加密后的字符串要能够还原。

6. 设计程序从键盘输入若干学生的学号和姓名,并存储于 Hashtable 中,根据学号查询对应的姓名。

7. 简述堆和栈的区别。

第 9 章 泛 型

泛型是 C♯ 2.0 引入的最强大的功能,它是指将程序中的数据类型参数化。通过泛型可以定义类型安全的数据结构,而无须使用实际的数据类型。这能够显著提高性能并得到更高质量的代码,因为可以重用数据处理算法,而无须复制类型特定的代码。

本章介绍泛型类、泛型接口、泛型方法及泛型集合。

9.1 泛 型 简 介

在第 8 章中我们了解了集合,集合中保存的元素实际上都是 object 类型。因此任何类型的对象都可以添加到一个集合中。由于集合中所容纳的元素只是 object 对象的引用,因此在向集合添加值对象时,必须将它们装箱才能存储;从集合中取出值类型对象时需要将其拆箱。装箱、拆箱都会造成重大的性能损失。即使在集合中保存引用类型而不是值类型对象时,仍然需要从 object 类型向特定的某种类型进行显式类型转换,从而造成显式类型转换开销。此外,object 类型数据存在类型安全隐患,因为编译器允许任何类型和object 类型间进行显式类型转换,所以编译时不能发现代码中存在的显式类型转换错误。

一般来说,程序都希望将一个集合中所能容纳的对象限定为某个特定的类型。因而,C♯2.0 引入了泛型这一概念。所谓泛型,是指将程序中的数据类型参数化,通过它就可以定义类型安全的类,而又不会损害类型安全和性能。泛型是一种类型占位符,或称之为类型参数。我们知道一个方法中,一个变量的值可以作为参数,但这个变量的类型本身也可以作为参数,泛型能将一个实际的数据类型的定义延迟至泛型的实例被创建时才确定。这种机制给我们带来类型安全和减少装箱、拆箱这两个好处。

泛型通常用与集合以及作用于集合的方法一起使用。.NET Framework 2.0 版类库提供一个新的命名空间 System. Collections. Generic,其中包含几个新的基于泛型的集合类。

通常一个方法或过程的定义都是有明确的数据类型的。例如:

```
public void ProcessData(int i){}
public void ProcessData(string i){}
public void ProcessData(double i){}
```

这些方法的定义中的 int、string、double 都是明确的数据类型,程序员访问这些方法的过程中需要分别提供给定类型的参数:

```
ProcessData(123);
```

```
ProcessData("abc");
ProcessData("12.12");
```

而如果我们将 int、string、double 这些类型也当成一种参数传给方法的时候,方法的定义就变成如下形式:

```
public void ProcessData<T>(T i){}
```

上面这种方式中 T(通常称为类型实参)是一个抽象数据类型,在使用时可被不同的数据类型所代替,用户调用的时候便成如下形式:

```
ProcessData<int>(123);
ProcessData<string>("abc");
ProcessData<double>(12.23);
```

上面的<int>、<string>和<double>分别表示用 int、string 或 double 类型来替换 ProcessData 方法中出现过的类型参数 T。这种定义方式与通常的方法定义的最大区别是,方法的定义实现过程只有一个而不是前面的三个或是更多。但是它具有处理不同的类型数据的能力,并且能保证类型安全。

可见,泛型类是对一组普通类的抽象。泛型技术允许一次性定义通用的算法,并使之能作用于不同类型的数据结构,从而大大提高程序的灵活性和可复用性。

9.2　泛　型　集　合

第 8 章中介绍过集合类型,可以在同一集合中添加任意类型的对象,不过大多数情况下这并不是必须的。一般来说,程序都希望将一个集合中所能容纳的对象类型单一。泛型最常见的用途就是创建集合类。

【例 9-1】 使用泛型集合。

```
// 9-1.cs
static void Main(string[] args)
{
    // 简单类型泛型集合
    List<int>l = new List<int>();

    //l.Add(1.1);     // 编译错误
    l.Add(1);
    l.Add(2);

    for (int i = 0; i<l.Count; i++)
            Console.WriteLine(l[i]);

    // 对象类型泛型集合
```

```
List<Student>students = new List<Student>();
students.Add(new Student("张珊"));
students.Add(new Student("李斯"));

foreach (Student stu in students)
{
        Console.WriteLine(stu.StudentName);
}

// 一般集合类型
ArrayList list = new ArrayList();
list.Add(new Student("张珊"));
list.Add(new Student("李斯"));
for (int i = 0; i<list.Count; i++)
        Console.WriteLine(((Student)list[i]).StudentName);
Console.Read();         }

public class Student
{
        private string _StudentName = "";

        public string StudentName
        {
                get
                {
                    return _StudentName;
                }
        }

        public Student(string sStudentName)
        {
                this._StudentName = sStudentName;
        }
}
```

例 9-1 的运行结果如图 9-1 所示。

图 9-1　例 9-1 的运行结果

　　例 9-1 中,先后创建了 2 个 List<T>泛型集合实例和一个普通集合实例,创建时不仅定义了类型 List 而且进一步指明了其中所包含元素的类型为简单类型 int 和类类型 student(定义时,<>内的内容)。这个例子可以看出,从泛型集合中取出元素时不再需要进行拆箱操作(或显示类型转换),而从普通集合类型中取出元素则需要进行类型转换。

　　通过使用类型参数 T,可以灵活地编写代码,而不致引入运行时强制转换或装箱操作的成本或风险。建议面向.NET Framework 2.0 及更高版本的所有应用程序都使用新的泛型集合类,而不要使用旧的非泛型集合类,如 ArrayList 等。

9.3　泛型类和接口

使用泛型可以对结构体、类、接口等类型进行扩展。

9.3.1　泛型类

泛型类就是指带有类型参数的类。例如:

```
public struct Point<T>
{
    public T X;
    public T Y;
}
```

　　上面的代码定义了一个泛型结构 Point,用来描述平面上的一个点。在这个结构的定义里不再有明确的数据类型,数据类型都被尖括号内的类型参数 T 所替代,即成员数据 X 和 Y 的数据类型都是 T,T 的具体类型在创建对象时指定。例如:

```
Point<int>p;
```

就创建了一个泛型对象 p。其中,类型参数 T 被指定为 int 型,即 X 和 Y 的数据类型都是 int 型。因此,对 p 的成员数据 X 和 Y 只能赋整形值。例如:

```
p.X = 100;
p.Y = 200;
```

　　而下面语句则会出现编译错误,例如:

```
p.X = 100.5;
```

```
p.Y = 200.5;
```

如果希望坐标点用浮点数表示,可以重新声明变量。例如:

```
Point<double>p;
```

泛型类也可以带有多个参数类型。例如:

```
public class Student<T,U>
{
    public T Name;
    public U Age;
    pubic T Sex;
    ...
}
```

9.3.2 泛型接口

在接口中也能使用类型参数类指代抽象数据类型。如.NET 类库中同时定义了接口 IComparable 和泛型接口 IComparable<T>,前者用于当前对象与一个 object 对象的比较,后者的比较得到类型实参的约束。泛型接口就是指带有类型参数的接口,例如:

```
public interface IComparable
{
    int CompareTo(object obj);
}
public interface IComparable<T>
{
    int CompareTo(T t);
}
```

在大部分情况下,显然后者比前者的比较更有意义,这样也可以避免值类型的装箱和拆箱操作。

【例 9-2】 对象比较。

```
//9-2.cs
public class Student : IComparable
{
    private string name;
    private int age;

    public string Name
    {
        get
        {
            return name;
```

```
            }
    }

    public int Age
    {
        get
        {
            return age;
        }
    }

    public Student(string sname, int sage)
    {
        this.name = sname;
        this.age = sage;
    }


    // 实现接口中的方法
    public int CompareTo(object obj)
    {
        // 将参数转化为 Student 对象
        Student other = obj as Student;
        // 比较大小,返回结果
        return this.age.CompareTo(other.age);
    }
}
class Program
{
    static void Main(string[] args)
    {
        Student stu1 = new Student("张珊", 21);
        Student stu2 = new Student("李斯", 22);

        // 对象之间进行比较
        if (stu1.CompareTo(stu2) > 0)
            Console.WriteLine("{0}的年龄大于{1}", stu1.Name, stu2.Name);
        else if (stu1.CompareTo(stu2) == 0)
            Console.WriteLine("{0}和{1}一样大", stu1.Name, stu2.Name);
```

```
        else
                Console.WriteLine("{0}的年龄小于{1}",stu1.Name,stu2.Name);

                Console.ReadLine();
        }
    }
```

注意,CompareTo 函数中参数 obj 必须与实现该接口的类有相同的类型,否则会引发异常。

泛型接口 IComparable<T>就是接口 IComparable 的泛型版本,此泛型接口对类型有严格的约束,不需要类型转换。

把上面的代码改写一下:

public class Student:IComparable

换成

public class Student:IComparable<Student>

同时实现接口的代码改为:

```
public int CompareTo(Student stu)
{
    return this.age.CompareTo(stu.age);
}
```

其他代码不需要修改,运行结果和上面代码相同。通过两种方式的比较也可以看出,使用泛型的优势。

9.4 泛型方法

泛型方法是指使用了类型参数声明的方法。方法无论是定义在泛型类之内还是非泛型类之内,都可以声明所属类作用范围内的类型参数。

泛型类中的泛型方法,例如:

```
class A<T>
{
        void Method(T t){};
}
```

非泛型类中的泛型方法,例如:

```
class B
{

        void Method<T>(T t){};
}
```

调用泛型方法时可以明确指定类型实参,也可以不指定,例如:

```
B b = new b();
b.Method<int>( 1 );   // 等价于 b.Method ( 1 );
```

当调用方法时没有指定类型实参,编译器能根据其调用方法时传递的实参类型推断出正确的类型参数。因此,如果方法没有参数,则必须明确指定类型实参。例如:

```
class A
{
    public T M<T>()
    {
        T t = default(T);
        return t;
    }
}
```

调用时:

```
A a = new A ();
// a.M();      // 出现编译错误,无法从方法参数中推断出类型实参
a.M<int>();
```

【例 9-3】 泛型演示。

```
//9-3.cs
class _9_3
{
    static void Main(string[] args)
    {
        Nodes<int>N = new Nodes<int>();
        N.AddNode(1);        // 添加节点
        N.AddNode(2);
        N.AddNode(3);
        foreach (int i in N)// 遍历节点
            Console.WriteLine(i);

        N.Remove(2);         // 移除节点
        foreach (int i in N)
            Console.WriteLine(i);

        Nodes<string>S = new Nodes<string>();
        S.AddNode("abc");
        S.AddNode("ABC");
        S.AddNode("123");
        foreach (string s in S)
```

```
                Console.WriteLine(s);

            Console.Read();
        }
    }


public class Node<T>
 {
     private T data;
     private Node<T>next;

     public Node()
     {
         data = default(T);// 返回指定类型的默认值
         next = null;
     }

     public Node(T n)
     {
         data = n;
         next = null;
     }

     public T Data
     {
         get{return data;}
         set{data = value;}
     }

     // 下一节点
     public Node<T>Next
     {
         get{return next;}
         set{next = value;}
     }
 }

public class Nodes<T>
```

```
{
    private Node<T>head;
    private int count = 0;

    public Nodes()
    {
        head = null;
    }

    // 将新节点加入到头部
    public void AddNode(T n)
    {
        Node<T>node = new Node<T>(n);
        node.Next = head;
        head = node;
        count++;   // 新节点加入后,计数器加1
    }

    // 计数器
    public int Count
    {
        get{return count;}// 计数器只读
    }

    public Node<T>Head
    {
        get{return head;}
        set{head = value;}
    }

    public bool Remove(T data)
    {
        Node<T>first = this.head;
        if (first.Data.Equals(data)) // 要在头部移除对象
        {
            this.head = first.Next;
            this.count--;
            return true;
```

```
        }
        while (first.Next! = null) // 不在头部的对象逐一进行筛选
        {
                if (first.Next.Data.Equals(data))
                {
                        first.Next = first.Next.Next;
                        this.count--;
                        return true;
                }
        }
        return false;
}


public IEnumerator<T> GetEnumerator() // 实现该接口使 Nodes 能用
foreach进行遍历
{
        Node<T> first = this.Head;
        while (first! = null)
        {
                yield return first.Data;
                first = first.Next;
        }
}
}
```

例 9-3 的运行结果如图 9-2 所示。

图 9-2　例 9-3 的运行结果

　　例 9-3 实现的是一个泛型线性链表,其中,定义了泛型类 Nodes,Nodes 中的数据类型在定义时并没有明确指定,Nodes 类中的数据类型也使用了泛型,并且 Nodes 还调用 Nodes 类对象,这两个类的数据类型参数在声明时必须保持一致。从调用结果我们可以发现使用泛型后 Node 和 Nodes 类可以兼容多种数据类型，并且在使用过程中不需要进行强制数据类型转换。

习　　题

1. 什么是泛型？
2. 简述类型参数的作用。
3. 编写程序，建立一个对象，分别向该对象中传入整型、浮点、字符串等类型的数据，并输出。
4. 编写程序，分别建立学生信息（学号、姓名、性别、专业）、教师信息（姓名、性别、专业、职称），使用一个统一的对象来存储若干学生和教师的信息，并调用各自的方法输出学生或教师的基本信息。

第10章 委托与事件

委托(delegate)是一种引用方法的类型,可以将一个或多个方法分配给委托对象,该对象就与分配的方法具有完全相同的行为。事件是一种特殊类型的委托,在基于 Windows 平台的程序设计中,事件(event)是一个很重要的概念。因为在几乎所有的 Windows 应用程序中,都会涉及大量的异步调用,如单击响应按钮、处理 Windows 系统消息等,这些异步调用都需要通过事件的方式来完成。所谓事件,就是由某个对象发出的消息,这个消息标志着某个特定的行为发生了,或者某个特定的条件成立了。例如,用户单击鼠标、按下某个按钮等。

本章介绍委托和事件的基本知识。

10.1 委　托

委托是什么呢? 顾名思义,就是中间代理人的意思。假如一个程序员正在编写一个 ASP. NET 网页,如果不熟悉 JavaScript,于是就委托其他人来帮助完成 JavaScript 相关部分的设计。这就是委托,把自己不能做的事情交给其他人去做。但是,如何知道委托的是哪个人? 当然需要知道受委托人的名字。为了区别不同的人,需要描述一个特征。

在 C♯ 语言中,委托的作用是这样定义的:委托是 C♯ 语言中的一种类型,它类似于 C 或 C++ 中的函数指针。委托可以将方法引用封装在委托对象内。然后可以将该委托对象传递给可调用所引用方法的代码,而不必在编译时知道将调用哪个方法。这个其实和委托他人完成 JavaScript 代码一样。如果有两个人都可以做这件事情,尽管他们做的过程不一样,并且作出的效果也可能不一样,但是能够达到要求就可以了。

与 C 或 C++ 中的函数指针不同的是,委托是面向对象、类型安全的,并且是安全的。

10.1.1　定义和使用委托

使用委托前必须先对其进行定义,委托类型的定义和方法的定义相似,但不带方法体,形式如下:

访问权限修饰符 delegate 返回值类型 委托名称(参数列表)

其中,返回值类型和参数列表组成委托的签名,委托对象只能引用与其签名匹配的方法。例如:

```
public delegage void DelegateFun(int x,int y);
```

就定义了一个名为 DelegateFun 的委托类型,该类型用于引用具有两个 int 型参数且无返回值的方法。

委托对象的创建和一般对象的创建相似,形式如下:

委托类型 委托对象名

或

委托类型 委托对象名 = new 委托类型(方法名)

如委托类型 DelegateFun 需要引用方法 fun1,其调用形式如下:

DelegateFun fun;

fun = new DelegateFun(fun1);

或

DeleageFun fun = new DelegateFun(fun1);

创建委托对象后,就可以直接使用该委托对象,对该对象的调用同调用该对象所引用的方法本身完全一致。

下面的例子将演示如何定义和使用委托。

【例 10-1】 定义和使用委托。

```
// 10-1.cs
// 定义和使用委托
delegate void DelegateFun(int x,int y);


class _10_1
{
    public static void Main(string[] args)
    {
        // 声明委托变量
        DelegateFun fun;
        int x = 4,y = 2;
        // 方法 fun1 作为变量传递给委托对象 fun
        fun = new DelegateFun(fun1);
        // 委托调用
        fun(x,y);
        // 方法 fun2 作为变量传递给委托对象 fun
        fun = new DelegateFun(fun2);
        fun(x,y);
        // 方法 fun3 作为变量传递给委托对象 fun
        fun = new DelegateFun(fun3);
        fun(x,y);
        Console.ReadLine();
    }
```

```
public static void fun1(int x, int y)
{
        Console.WriteLine("x + y = {0}", x + y);
}

public static void fun2(int x, int y)
{
        Console.WriteLine("x - y = {0}", x - y);
}

public static void fun3(int x, int y)
{
        Console.WriteLine("x * y = {0}", x * y);
}
}
```

例 10-1 的运行结果如图 10-1 所示。

图 10-1　例 10-1 的运行结果

从例 10-1 中看到,代码中反复出现 3 次对委托变量 fun(x, y)的调用,却得到 3 个完全不相同的结果,分别完成了对两个数值的加、减、乘运算。这 3 次调用实际上是通过委托对象分别引用了函数 fun1、fun2 和 fun3。

例 10-1 中,委托对象引用的 3 个方法都是静态方法,委托对象也可以引用实例方法。用委托对象引用实例方法时,同样需要所引用方法与委托签名匹配。对上面的例子做适当修改。

【例 10-2】　引用实例方法。

```
// 10-2.cs
// 引用实例方法
delegate void DelegateFun(int x, int y);

class MethodClass
{
        public void fun1(int x, int y)
```

```
        {
            Console.WriteLine("x + y = {0}",x + y);
        }

        public void fun2(int x,int y)
        {
            Console.WriteLine("x - y = {0}",x - y);
        }

        public void fun3(int x,int y)
        {
            Console.WriteLine("x * y = {0}",x * y);
        }
}


class _10_2
{
    public static void Main(string[] args)
    {
        // 声明委托变量
        DelegateFun fun;
        int x = 4,y = 2;
        MethodClass mc = new MethodClass();
        // 实例方法 fun1 作为变量传递给委托对象 fun
        fun = new DelegateFun(mc.fun1);
        // 委托调用
        fun(x,y);
        // 实例方法 fun2 作为变量传递给委托对象 fun
        fun = new DelegateFun(mc.fun2);
        fun(x,y);
        // 实例方法 fun3 作为变量传递给委托对象 fun
        fun = new DelegateFun(mc.fun3);
        fun(x,y);
        Console.ReadLine();
    }
}
```

例 10-2 运行后得到的结果与例 10-1 完全相同，如图 10-2 所示。

图 10-2　例 10-2 运行结果

10.1.2　组合委托

前面的委托对象每次都只引用一个方法,实际上一个委托对象可以同时引用多个方法,如果需要给某个委托对象同时分配多个方法,只需要使用加法运算符"＋";如果需要从某个委托对象中移除某个它已经引用的方法,只需要使用减法运算符"－"。

修改例 10-1 中的 Main 函数部分如下:

```
public static void Main(string[] args)
{
        // 声明委托变量
        DelegateFun fun;
        int x = 4,y = 2;
        // 方法 fun1 作为变量传递给委托对象 fun
        fun = new DelegateFun(fun1);
        // 方法 fun2 作为变量添加给委托对象 fun
        fun = fun + new DelegateFun(fun2);
        // 方法 fun3 作为变量添加给委托对象 fun
        fun += new DelegateFun(fun3);
        fun(x,y);
        // 从委托对象中移除方法 fun1
        fun -= fun1
        Console.ReadLine();
}
```

修改后的代码的运行结果与例 10-1 一致。从代码和运行结果可以看到,修改后的程序只对委托对象 fun 进行了一次执行调用 fun(x,y),其结果却是依次调用了 fun1、fun2、fun3 这 3 个函数,并且是根据添加顺序依次调用的。

10.1.3　匿名方法

C＃2.0 引入了匿名方法,所谓的匿名方法是指不指定单独的方法,而是将方法的执行代码直接封装在委托对象中。如果某个方法只是通过委托对象来调用,程序中不会直接调用它,那么定义匿名方法是最佳选择。

可以把匿名方法想象为一个实现与委托进行关联这项功能的便捷途径。当编译器碰到匿名方法的时候,它会自动在类里面创建一个命名方法,并将它与委托进行关联。所以匿名方法在运行期间与命名方法的性能非常类似,使用匿名方法的作用是提高开发人员的开发效率,而不是运行期间的执行。

将例 10-1 中的静态 fun1 方法封装到 DelegateFun 对象 fun 中的代码如下:

```
DelegateFun fun = delegate(int x,int y)
{
        Console.WriteLine("x + y = {0}",x + y);
}
```

该语句的等号右边是一个匿名方法表达式,它不使用 new 关键字来创建委托对象,而是在 delegate 关键字之后直接写出方法的参数列表和执行代码。其中,参数列表必须和委托类型的定义保持一致;如果执行代码中不出现参数变量,参数列表可以省略;如果委托有返回类型,则在执行代码中用 return 语句来返回该类型的返回值。

改写例 10-1,如下:

【例 10-3】 匿名方法。

```
// 10-3.cs
// 定义和使用委托
delegate void DelegateFun(int x,int y);


class _10_3
{
        public static void Main(string[] args)
        {
                DelegateFun fun;
                // 匿名封装方法到委托对象
                fun = delegate(int x,int y)
                {
                        Console.WriteLine("x + y = {0}",x + y);
                };

                fun += delegate(int x,int y)
                {
                        Console.WriteLine("x - y = {0}",x - y);
                };

                fun += delegate(int x,int y)
                {
                        Console.WriteLine("x * y = {0}",x * y);
                };
```

```
        fun(5,3);
        Console.ReadLine();
    }
}
```

例 10-3 的运行结果如图 10-3 所示。

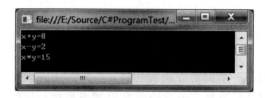

图 10-3   例 10-3 的运行结果

对比例 10-1 可以看到,例 10-3 中的代码数量比前面的简练了许多。因为匿名方法没有关联引用的函数名,因而只能向委托对象中添加匿名方法而不能进行移除。

由于匿名方法总是定义在另一个方法的执行代码中,因此匿名方法的参数名和变量名就可能和外部代码发生冲突。因此,C♯语言中规定:匿名方法的参数名不能和已有的外部变量名相同;如果匿名方法执行体中的局部变量和外部变量名相同,那么它们代表同一个变量,此时称外部变量被匿名方法所"捕获"。例如下面的代码是错误的,因为匿名方法的参数名和外部变量名冲突:

```
int x = 0,y = 0;
fun = delegate(int x,int y)   // 错误,匿名方法参数名不能和外部变量名相同
{
    Console.WriteLine("x + y = {0}",x + y);
};
```

下面的代码则输出两次"x＋y＝8",其中,第一次输出属于参数传递,第二次属于捕获外部变量:

```
int a = 5,b = 3;
fun = delegate(int x,int y) // 错误,匿名方法参数名不能和外部变量名相同
{
    Console.WriteLine("x + y = {0}",x + y);
    Console.WriteLine("x + y = {0}",a + b);
};
fun(5,3)
```

通过捕获外部变量,匿名方法就能够实现与外部程序代码的状态共享。简言之,就是匿名方法可以使用外部程序代码中定义的变量或参数。下面的程序演示了命名方法和匿名方法对外部变量的不同处理方式。

【例 10-4】 匿名方法和命名方法处理外部变量的差异。

```
// 10-4.cs
// 定义和使用委托
delegate int DelegateFun(int x);
```

```
class _10_4
{
    public static void Main(string[] args)
    {
        DelegateFun fun;
        int x = 0;
        // 封装命名方法到委托对象
        fun = new DelegateFun(Increment);
        Console.WriteLine("第一次调用委托(命名方法)x = {0}",fun(x));
        Console.WriteLine("第一次调用委托(命名方法)后外部变量 x = {0}",x);
        Console.WriteLine("第二次调用委托(命名方法)x = {0}",fun(x));
        Console.WriteLine("第二次调用委托(命名方法)后外部变量 x = {0}",x);
        // 匿名封装方法到委托对象
        fun = delegate(int x)
        {
            return ++x;
        };
        Console.WriteLine("第一次调用委托(匿名方法)x = {0}",fun(x));
        Console.WriteLine("第一次调用委托(匿名方法)后外部变量 x = {0}",x);
        Console.WriteLine("第二次调用委托(匿名方法)x = {0}",fun(x));
        Console.WriteLine("第二次调用委托(匿名方法)后外部变量 x = {0}",x);
        Console.ReadLine();
    }

    public static int Increment(int x)
    {
        return ++x;
    }
}
```

例 10-4 的运行结果如图 10-4 所示。

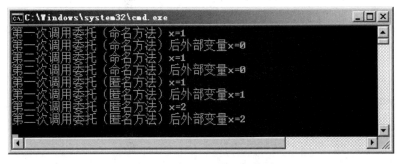

图 10-4　例 10-4 的运行结果

当委托对象封装的是命名方法 Increment 时，变量 x 只是作为形参传递，调用结束后并不改变 x 的值，因此命名方法调用结束后变量 x 的值不发生变化；而当委托对象封装匿名方法时，x 被匿名方法捕获，方法代码能修改 x 的值，因而每次调用结束后 x 的值都发生变化。

10.1.4　泛型委托

C♯2.0 之后，为了提高代码的适用性，可以在程序中使用泛型，那泛型能不能用在委托中呢？答案是肯定的。

泛型委托是委托的一种特殊形式，在使用的时候跟单纯的委托类似，不过泛型委托更具有类型通用性。它融合了泛型和委托的抽象能力，又不失静态类型的安全性。

泛型委托的定义形式如下：

访问权限修饰符 delegate 返回值类型 委托名称<T>(参数列表)

其中，参数列表类型可以根据泛型的定义进行设置。例如：

public delegage void DelegateFun<T>(T x,T y);

就定义了一个名为 DelegateFun 的泛型委托类型，该类型用于引用具有两个 T 类型的参数且无返回值的方法。例如：

DeleageFun<int>fun = new DelegateFun<int>(fun1);

【例 10-5】 泛型委托。

```
// 10-5.cs
// 定义泛型委托
delegate void DelegateFun<T>(T x,T y);

class MethodClass
{
    public void fun1(string x,string y)
    {
        Console.WriteLine("x + y = {0}",x + y);
    }

    public void fun2(int x,int y)
    {
        Console.WriteLine("x - y = {0}",x - y);
    }

    public void fun3(int x,int y)
    {
        Console.WriteLine("x * y = {0}",x * y);
    }
```

```
    }

class _10_5
{
      public static void Main(string[] args)
      {
            MethodClass mc = new MethodClass();
            // 方法 fun1 作为变量传递给委托对象 fun
            DelegateFun<string>fun = new DelegateFun<string>(mc.fun1);
            // 委托调用
            fun("Hello ","World!");
            // 方法 fun2 作为变量传递给委托对象 Fun
            DelegateFun<int>Fun = new DelegateFun<int>(mc.fun2);
            Fun(5,3);
            // 方法 fun3 作为变量传递给委托对象 Fun
            Fun = new DelegateFun<int>(mc.fun3);
            Fun(5,3);
            Console.ReadLine();
      }
}
```

例 10-5 的运行结果如图 10-5 所示。

图 10-5 例 10-5 的运行结果

从例 10-4 中看到,泛型委托对象实例化时的类型参数 T 根据所要引用的函数的不同,必须构建不同类型参数的对象。

10.2 事 件

事件(event)是一种特殊类型的委托,是类在发生其关注的事情时用来提供通知的一种方式。事件的发生一般都涉及事件发布者(Publisher)和事件订阅者(Subscriber)两个角色。在掌握事件之前必须先了解这两个概念。

事件发布者(Publisher):一个事件的发布者(sender),其实就是个对象,这个对象会自行维护本身的状态信息,当本身状态信息变动时,便触发一个事件,并通知所有的事件订阅者。

事件订阅者(Subscriber)：对事件感兴趣的对象(Receiver)，可以注册感兴趣的事件，在事件发布者触发一个事件后，会自动执行这段代码。

如按钮的单击鼠标事件，在按钮被点击的时候，程序中的其他对象可以得到一个通知，并执行相应的动作。在实际的处理中，事件发布者触发了一个事件后，它并不知道哪个对象或方法将会接收到并处理它触发的事件。所需要的是在发布者和订阅者之间存在一个媒介。这个媒介在.NET Framework 中就是委托。

事件处理方法不必在将要生成事件的类中定义。这种机制就使事件具有了灵活性和普遍性。

10.2.1 委托的发布和订阅

委托能封装方法，而且能够合并或删除其他委托对象，因而能够通过委托来实现"发布者/订阅者"的设计模式。在讨论事件之前我们先分析委托的发布和订阅，其具体实现步骤如下：

（1）定义委托类型，并在发布者类中定义一个该类型的共有成员。

（2）在订阅者类中定义委托处理方法。

（3）订阅者对象将其事件处理方法合并到发布者对象的委托成员上。

（4）发布者对象在特定的情况下激发委托操作，从而自动调用订阅者对象的委托处理方法。

以交通红绿灯为例，车辆必须对交通灯的颜色变化作出响应（红灯停，绿灯行）。先定义一个委托类型 LightEvent，其参数 color 表示交通灯颜色（bool 类型，红灯为 true，绿灯为 false）。

```
public delegate void LightEvent(bool color);
```

红绿灯的颜色变化会改变车辆的形式状态，因此红绿灯是事件的发布者，车辆是订阅者。定义交通灯类 TrafficLight，将前面定义的委托类型进行发布，并将其成员方法 ChangeColor 定义为事件触发方法。

```
public class TrafficLight
{
    private bool color = false;
    public bool Color { get{return color; } }

    public LightEvent OnColorChange;   // 发布委托

    // 触发事件方法
    public void ChangeColor()
    {
        color =! color;
        Console.WriteLine(color ? "红灯" : "绿灯");
        // 判断事件是否注册,已注册则调用委托
```

```
        if (OnColorChange! = null)
            OnColorChange(color);
    }
}
```

车辆是订阅者,定义车辆类 Car,在车辆类中对委托进行订阅。

```
public class Car
{
    // 车辆行驶状态,行驶为 true,停止为 false
    private bool isRun = true;

    // 委托处理方法方法
    public virtual void LightColorChange(bool color)
    {
        // 红灯亮,并且正在行驶
        if (isRun && color)
        {
            isRun = false;
            Console.WriteLine("{0}停车",this);
        }// 绿灯亮,并且已经停止
        else if(! isRun && ! color)
        {
            isRun = true;
            Console.WriteLine("{0}启动",this);
        }
    }

    // 订阅者对发布的事件进行订阅,将委托处理方法注册到委托中
    public void Enter(TrafficLight light)
    {
        light.OnColorChange += LightColorChange;
    }
}
```

当 TrafficLight 对象使用其 ChangeColor 方法改变交通灯颜色时,就会自动调用相关 Car 对象的 LightColorChange 方法,例如:

```
TrafficLight light = new TrafficLight();
Car car1 = new Car();
car1.Enter(light);
light.ChangeColor();    // 事件发生,car1 随之响应
```

```
light.ChangeColor();        // 事件再次发生,car1 随之响应
```

这种模式下,一个发布者可以对应多个订阅者对象,这些对象还可以属于不同的类,并采用不同的委托处理方法。比如对于救护车类 Ambulance,它在一般情况下采用与基类 Car 相同的响应方式,但在紧急情况下(Emergent 属性为 true)允许闯红灯。

```csharp
public class Ambulance : Car
{
    // 紧急事件
    private bool emergent = false;

    public bool Emergent
    {
        get
        {
            return emergent;
        }
        set
        {
            emergent = value;
        }
    }

    // 重写委托处理方法方法
    public override void LightColorChange(bool color)
    {
        if (emergent)
        Console.WriteLine("{0}救人要紧",this);
        else
        base.LightColorChange(color);// 非紧急状况下使用基类处理方法
    }
}
```

在不需要的情况下,订阅者可以通过删除委托来取消订阅。例如,Car 类可以通过如下方法来取消对交通灯的响应。

```csharp
public void Leave(TrafficLight light)
{
    light.OnColorChange -= LightColorChange;
}
```

10.2.2 事件的发布和订阅

委托可以进行发布和订阅,从而使不同的对象对特定的情况作出反应。但这种机制

存在一个问题,即外部对象可以覆盖已经发布的委托,这就会影响到其他对象对委托的订阅。比如,一个新车辆类 Truck(卡车)也可以订阅 TrafficLight 的 OnColorChange 委托,但它没有在订阅事件中使用"+"(或"+=")操作符,而是直接使用了赋值操作符"=":

　　　light.OnColorChange = LightColorChange;

　　当某些 Car 对象完成订阅后,Truck 对象再进行订阅时,Car 对象的所有订阅会被 Truck 对象的订阅所覆盖,TrafficLight 对象的 OnColorChange 委托将只调用最后一个 Truck 对象的 LightColorChange 方法。当交通灯颜色发生变化时,其他对象将不会作出响应。为了解决这个问题,C♯语言提供了专门的时间发布方式,其做法是在发布者类发布的委托定义中加上 event 关键字,将委托发布强制为事件发布:

　　　public event LightEvent OnColorChange;　　// 发布事件

　　经过这一修改后,其他类型再使用 OnColorChange 委托时,必须使用复合赋值操作符"+="或"-=",而类似于下面的赋值代码都不能通过编译:

　　　light.OnColorChange = LightColorChange;　　// 编译错误
　　　light.OnColorChange = null;　　　　　　　　 // 编译错误

　　也就是说,事件是一种特殊的委托类型,发布者在发布一个事件之后,订阅者对它只能进行自身的订阅或取消,而不能干涉其他的订阅者。

【例 10-6】　事件的发布和订阅。

```
// 10-6.cs
// 声明委托
public delegate void LightEvent(bool light);


// 发布者(Publiser)
public class TrafficLight
{
    // 红灯 true,绿灯 false
    private bool color = false;
    public bool Color
    {
        get
        {
            return color;
        }
    }


    // 发布事件
    public event LightEvent OnColorChange;


    // 触发事件方法
```

```csharp
    public void ChangeColor()
    {
        color =! color;
        Console.WriteLine(color ? "红灯" : "绿灯");
        // 判断事件是否注册
        if (OnColorChange! = null)
            OnColorChange(color);
    }
}


// 订阅者(Subscriber)
public class Car
{
    // 车辆行驶状态
    private bool isRun = true;

    // 委托处理方法
    public virtual void LightColorChange(bool color)
    {
        // 红灯亮,并且正在行驶
        if (isRun && color)
        {
            isRun = false;
            Console.WriteLine("{0}停车",this);
        }// 绿灯亮,并且已经停止
        else if(! isRun && ! color)
        {
            isRun = true;
            Console.WriteLine("{0}启动",this);
        }
    }

    // 订阅者对发布的事件进行订阅,将委托处理方法注册到委托中
    public void Enter(TrafficLight light)
    {
        light.OnColorChange + = LightColorChange;
    }
```

```
        // 取消订阅
        public void Leave(TrafficLight light)
        {
                light.OnColorChange -= LightColorChange;
        }
}


// 订阅者 特种车辆(救护车)
public class Ambulance : Car
{
        // 紧急事件
        private bool emergent = false;

        public bool Emergent
        {
                get
                {
                        return emergent;
                }
                set
                {
                        emergent = value;
                }
        }


        // 重写委托处理方法方法
        public override void LightColorChange(bool color)
        {
                if (emergent)
                        Console.WriteLine("{0}救人要紧",this);
                else
                        base.LightColorChange(color);
        }
}


class _10_6
{
        public static void Main(string[] args)
```

```
        {
            // 实例化发布者
            TrafficLight light = new TrafficLight();
            // 实例化订阅者
            Car car1 = new Car();
            // 订阅者向发布者注册事件
            car1.Enter(light);
            Ambulance amb = new Ambulance();
            amb.Enter(light);

            // 触发事件
            light.ChangeColor();
            light.ChangeColor();
            amb.Emergent = true;
            light.ChangeColor();
            light.ChangeColor();

            Console.ReadKey();
        }
}
```

例 10-6 的运行结果如图 10-6 所示。

图 10-6　例 10-6 的运行结果

　　事件也是类的一种特殊方法成员,即使是共有事件,除了其所属类之外,其他类对象只能对其进行订阅或取消,其他任何操作都是不允许的,因此事件具有特殊的封装性。和一般的委托成员不同,事件只能由自身触发。

10.2.3　使用 EventHandler 类

在事件发布和订阅的过程中,定义事件的原型委托类型是件重复性的工作。因此,
.NET类库中定义了一个 EventHandler 委托类型,并建议尽量使用该类型作为事件的原
型,该委托的原型为:

```
public delegate void EventHandler(object sender,EventArgs e);
```

其中,第一个参数 sender 是 Object 类型的,表示引发事件的对象;第二个参数从 Even-
tArgs 类型派生,它保存事件数据。由于事件成员只能由类型本身触发,因此,在触发时
传递给第一个参数的值通常应为 this;如果事件不生成事件数据,则第二个参数只是
EventArgs 的一个实例,否则,第二个参数为从 EventArgs 派生的自定义类型,提供保存
事件数据所需的全部字段或属性。修改发布者类部分代码如下:

```
public event EventHandler OnColorChange;

public void ChangeColor()
{
    color = ! color;
    Console.WriteLine(color ? "红灯" : "绿灯");
    if (OnColorChange! = null)
        OnColorChange(this,null);// 事件没有附加信息时,第二个参数置为空
}
```

事件的订阅者可以通过 sender 参数来了解是哪个对象触发的事件,但是在访问对象
时要进行拆箱转换。例如,Car 类对 TrafficLight. OnColorChange 事件的处理方法可以
修改为:

```
public virtual void LightColorChange(bool color)
{
    Console.WriteLine(((TrafficLight)sender).color ? "停车","启动");
}
```

EventHandler 委托的第二个参数 e 表示事件中包含的数据。如果发布者还要向订
阅者传递额外的事件数据,那么就需要定义 EventArgs 类的派生类。例如,要描述交通
灯变化后持续的时间,可以定义如下的 LightEventArgs 类:

```
public class LightEventArgs : EventArgs
{
    private int seconds;
    public int Seconds
    {
        Get
        {
            return seconds;
```

```
            }
    }

    public LightEventArgs(int seconds)
    {
            this.seconds = seconds;
    }
}
```

而 TrafficLight 在触发 OnColorChange 事件时,就可以将事件数据作为参数传递给 EventHandler 委托:

```
Public event EventHandler OnColorChange;

public void ChangeColor(int seconds)
{
    color =! color;
    Console.WriteLine(color ? "红灯亮","绿灯亮");
    if(OnColorChange! = null)
            OnColorChange(this,new LightEventArg(seconds)); // 传递事件数据
}
```

由于 EventHandler 原始定义中的参数类型是 EventArgs,那么订阅者在读取参数内容时同样需要进行拆箱转换,然后才能读取其中参数值,例如:

```
Public virtual void LightColorChange(object sender,EventArgs e)
{
    If(((TrafficLight)sender).Color)
    {
            bRun = false;
            Console.WriteLine("{0}停车,{1}秒后启动",this,((LightEventArgs)
            e).Seconds);
    }
    else
    {
            bRun = false;
            Console.WriteLine("{0}启动,{1}秒内通过",this,((LightEventArgs)
            e).Seconds);
    }
}
```

例 10-7 是完整的实现过程。

【例 10-7】 使用 EventHandler 类。

```csharp
// 10-7.cs
// 事件参数类,与事件相关的附加信息使用该类定义和存储
public class LightEventArgs : EventArgs
{
    private int seconds;
    public int Seconds
    {
        get
        {
            return seconds;
        }
    }

    public LightEventArgs(int seconds)
    {
        this.seconds = seconds;
    }
}


// 发布者(Publiser)
public class TrafficLight
{
    // 红灯 true,绿灯 false
    private bool color = false;
    public bool Color
    {
        get
        {
            return color;
        }
    }

    // 发布事件
    public event EventHandler OnColorChange;

    // 触发事件方法
```

```csharp
    public void ChangeColor(int seconds)
    {
        color =! color;
        Console.WriteLine(color ? "红灯" : "绿灯");
        // 判断事件是否注册
        if (OnColorChange! = null)
            OnColorChange(this, new LightEventArgs(seconds));
    }
}


// 订阅者(Subscriber)
public class Car
{
    // 车辆行驶状态
    private bool isRun = true;

    // 委托处理方法
    public virtual void LightColorChange(object sender, EventArgs e)
    {
        // 红灯亮,并且正在行驶
        if (isRun && ((TrafficLight)sender).Color)
        {
            isRun = false;
            Console.WriteLine("{0}停车{1}秒后启动", this, ((LightEven-
            tArgs)e).Seconds);
        }// 绿灯亮,并且已经停止
        else if (! isRun && ! ((TrafficLight)sender).Color)
        {
            isRun = true;
            Console.WriteLine("{0}停车{1}秒内通过", this, ((LightEven-
            tArgs)e).Seconds);
        }
    }

    // 订阅者对发布的事件进行订阅,将委托处理方法注册到委托中
    public void Enter(TrafficLight light)
    {
        light.OnColorChange + = LightColorChange;
```

```
    }

    // 取消订阅
    public void Leave(TrafficLight light)
    {
        light.OnColorChange -= LightColorChange;
    }
}


// 订阅者 特种车辆(救护车)
public class Ambulance : Car
{
    // 紧急事件
    private bool emergent = false;

    public bool Emergent
    {
        get
        {
            return emergent;
        }
        set
        {
            emergent = value;
        }
    }

    // 重写委托处理方法方法
    public override void LightColorChange(object sender, EventArgs e)
    {
        if (emergent)
            Console.WriteLine("{0}救人要紧,直接通过", this);
            // 紧急情况特殊处理
        else
            base.LightColorChange(sender, e);
    }
}
```

```
class _10_7
{
    public static void Main(string[] args)
    {
        // 实例化发布者
        TrafficLight light = new TrafficLight();
        // 实例化订阅者
        Car car1 = new Car();
        // 订阅者向发布者注册事件
        car1.Enter(light);
        Ambulance amb = new Ambulance();
        amb.Enter(light);

        // 触发事件
        light.ChangeColor(30);
        light.ChangeColor(60);
        amb.Emergent = true;
        light.ChangeColor(30);
        light.ChangeColor(60);

        Console.ReadLine();
    }
}
```

例 10-7 的运行结果如图 10-7 所示。

图 10-7　例 10-7 的运行结果

现在我们已经知道，一个事件实际上就是一个委托，事件用 Event 关键字来声明，可以把事件声明为 EventHandler 以及其派生的预先定义的事件委托类型，也可以自己先声明一个 delegate 委托,而后把事件声明为此委托类型。不管是预定义的事件委托类型,还是自定义的委托类型,都可以自行设置参数,而这些参数正是使用事件的意义之一,也就是可以把类的内部数据传递到外部事件中,事件使用的另外一个意义就是可以通过给事件指定不同的处理方法来得到不同的结果,相比较固定编码的类方法而言,具有更大的灵活性。事件参数一般就是与事件发布者对象(sender)相关的参数对象(如 EventArgs),事件相关参数必须使用 EventArgs 这个事件参数基类,要么是. NET Framework 预定义的 EventArgs 派生类,要么是从 EventArgs 派生的自定义类型,不管是预设的 EventArgs 派生类,还是自定义的派生类,事件参数的实例总是通过其属性来保存和传递数据。

习　题

1. 什么是委托?

2. 什么是事件?

3. 编写程序,建立一个对象,分别向该对象中传入整型、浮点、字符串等类型的数据,并输出。

4. 编写程序,要求使用委托,并分别使用升序和降序两种排序方式对一个数组中的数据进行排序。

5. 主人(master)打翻了东西,狗(dog)吓得叫起来,惊哭了孩子(kid)。编写程序描述这个过程。

第11章 文件和流

　　变量只是暂时保存数据,当与之相关的对象回收或程序终止时,这些数据就会丢失。为了不使程序中各种对象的信息随程序的关闭而丢失,就必须将信息保存在硬盘等持久性媒质上(硬盘、移动磁盘、CD、磁带等)。C♯语言中,对包括文件(file)在内的所有设备的 I/O(输入/输出)操作都是以流(stream)的形式实现的。通过流,程序可以从各种输入设备读取数据,向各种输出设备输出数据。

　　本章将介绍.NET 类库中提供的有关文件和流操作的类型,以及如何通过流来读/写文件。

11.1　文件和流简介

　　目前有许多文件系统,在我们所使用过的 DOS、Windows NT、Windows XP、Windows 2000、Windows 7 等操作系统中,用到过非常熟悉的 FAT、FAT32、NTFS 等文件系统,这些文件系统在操作系统内部实现时有不同的方式,然而它们提供给用户的接口是一致的。只要按照正规的方式来编写代码,而且程序不涉及操作系统的具体特性,那么生成的应用程序就可以不经过改动,而在不同的操作系统上移植。因此,在编写文件相关操作代码时,不需要考虑具体的实现方式,只需要利用语言环境提供的外部接口。

　　C♯语言中所使用的流类型主要有两种:一种是字节流,另一种是字符流。字节流类由 Stream 类派生而来。Stream 的派生类包括 BufferedStream、FileStream 和 MemoryStream 类。这些类把数据作为字节序列来进行读/写。我们还能见到可以封装字节流的二进制 I/O 类,它表示字符流的类主要用来读/写字符数据。字符流类包括 StreamReader、StreamWriter、StringReader、StringWriter、TextReader 和 TextWriter 类。

　　对流有 5 种基本的操作:打开、读取、写入、改变当前位置和关闭。根据流对象的创建方式,对流的访问可以是同步或异步的。有些流类使用缓冲区来改善性能。

　　文件和流既有区别又有联系。文件是在各种媒质上永久存储的数据的有序集合。它是一种进行数据读/写操作的基本对象。通常情况下文件按照树状目录进行组织,每个文件都有文件名、文件所在路径、创建时间、访问权限等属性。

　　从概念上讲,流非常类似于单独的磁盘文件,它也是进行数据读取操作的基本对象。流为我们提供了连续的字节流存储空间。虽然数据实际存储的位置可以不连续,甚至可以分步在多个磁盘上,但看到的是封装以后的数据结构,是连续的字节流抽象结构。这和一个文件也可以分布在磁盘上的多个扇区一样。除了和磁盘文件直接相关的文件流以外,流有多种类型,可以分布在网络、内存或磁带中。

　　一个完整的应用程序必定要涉及对系统和用户的信息进行存储、读取、修改等操作，还需要设计自己的文件格式。因此，有效地实现文件操作，是个良好的应用程序所必须具备的内容。

11.2 I/O枚举

11.2.1 FileAccess枚举

　　FileAccess枚举包含定义文件访问的常量。使用FileAccess枚举元素的类有File、FileInfo和FileStream等，如表11-1所示。

表 11-1　FileAccess 成员列表及说明

成员名称	说　明
Read	对文件的只读访问
ReadWrite	对文件的读/写访问
Write	文件的只写访问

11.2.2 FileAttributes枚举

　　FileAttributes枚举包含了提供文件和目录属性的成员，如表11-2所示。成员值可以按位组合在一起。例如，为了表明一个文件既是只读的又是一个系统文件可以这样表达：

`FileAttributes.ReadOnly│FileAttributes.System`

表 11-2　FileAttributes 成员列表及说明

成员名称	说　明
Archive	文件的存档状态。应用程序使用此属性为文件加上备份或移除标记
Compressed	文件已压缩
Device	保留供将来使用
Directory	文件为一个目录
Encrypted	该文件或目录是加密的
Hidden	文件是隐藏的，没有包括在普通的目录列表中
Normal	文件正常，没有设置其他的属性。此属性仅在单独使用时有效
NotContentIndexed	操作系统的内容索引服务不会创建此文件的索引
OffLine	文件已脱机。文件数据不能立即供使用
ReadOnly	文件为只读
ReparsePoint	文件包含一个重新分析点，它是一个与文件或目录关联的用户定义的数据块
SparseFile	文件为稀疏文件。稀疏文件一般是数据通常为零的大文件
System	文件为系统文件

11.2.3　FileMode 枚举

FileMode 枚举包含了定义操作系统应该如何打开一个文件的常量。FileMode 参数在许多构造函数和方法中使用,它们都返回一个 FileStream 对象,如表 11-3 所示。

表 11-3　FileMode 成员列表及说明

成员名称	说　明
Append	打开现有文件在末尾添加,或创建新文件。FileMode. Append 只能同 FileAccess. Write 一起使用。任何读尝试都将失败并引发异常
Create	创建新文件。如果文件已存在,它将被改写。如果文件不存在,则使用 CreateNew;否则使用 Truncate
CreateNew	创建新文件。如果文件已存在,则引发异常
Open	打开现有文件
OpenOrCreate	打开文件(如果文件存在);否则,应创建新文件
Truncate	打开现有文件。文件一旦打开,就将被截断为零字节大小

11.3　文件存储管理

对文件进行处理时,通常需要关系到驱动器、目录和文件等信息。.NET 类库中定义有相应的类用于处理文件相关的信息。

11.3.1　Directory 和 DirecotoryInfo 类

Directory 类定义了许多用来创建、移动和便利目录及子目录的静态方法。对于拥有一个路径参数的方法,路径参数可以是相对路径也可以是绝对路径,并且可以指向一个文件或目录。因为 Directory 类方法是静态的,而其又可以在任意位置被调用,所以在开始前它们都需要执行安全检查。

Directory 类的主要方法及说明,如表 11-4 所示。

表 11-4　Directory 类常用静态方法

方法名	说　明
CreateDirectory	创建目录
Delete	删除目录
Move	从当前目录移动到新目录,源和目标目录位于同一目录下则为从命名
GetDirectories	获取子目录
GetFiles	获取目录下文件
Exists	判断目录是否存在
SetCreationTime	设置目录创建时间
SetLastAccessTime	设置目录最后访问时间
SetLastWriteTime	设置目录最后写入时间

下面通过程序实例来介绍其主要属性和方法。

（1）Directory. CreateDirectory（），根据制定路径创建所有的目录和子目录。默认情况下，新目录将允许所有用户进行完全的读写访问。如果参数 path 无效，将抛出一个异常。该方法声明如下：

```
public static DirectoryInfo CreateDirectory(string path)
```

下面的代码演示在 c 盘 temp 文件夹下创建名为 NewDirectory 的目录。

```
Directory.CreateDirectory(@"c:\temp\NewDirectoty");
```

（2）Directory. Delete（），用来删除制定路径所指示的目录。该方法声明如下：

```
public static void Delete (string path)
```

或

```
public static void Delete(string path,bool recursive)
```

下面的代码可以将 c:\temp\BackUp 目录删除。Delete（）方法的第 1 个版本只删除指定目录，如果目录不为空将不能删除。Delete（）的第 2 个版本中的第二个参数为 bool 类型，它可以决定是否删除非空目录。如果该参数值为 true，指定目录下的子目录和文件也将被删除；若为 false，则仅当目录为空时才可删除。

```
Directory.Delete(@"c:\temp\BackUp",true);
```

（3）Directory. Move（），把一个目录及其所有内容从源路径移动到目标路径中。移动前会自动判断目标路径是否已经存在，不存在则创建并转移源目录，存在则抛出异常。该方法声明如下：

```
public static void Move(string sourceDirName,string destDirName)
```

下面的代码将目录 c:\temp\NewDirectory 移动到 c:\temp\BackUp。

```
Directory.Move(@"c:\temp\NewDirectory",@"c:\temp\BackUp");
```

实际上该操作是目录的更名，将文件夹 NewDirectory 更名为 BackUp。

（4）Directory. GetDirectories（），获取指定路径表示的目录下的所有子目录。searchPattern 可以是目录名称的一部分，如"CSharp＊"。SearchOption 类型是一个枚举型，具有两个选项值：AllDirectories（搜索中包含当前目录和所有子目录）和 TopDirectoryOnly（仅在当前目录中搜索）。该方法声明如下：

```
public static string[] GetDirectories(string path)
```

或

```
public static string[] GetDirectories(string path,string searchPattern)
```

或

```
public static string[] GetDirectories (string path,string searchPattern,
SearchOption searchPattern)
```

下面的代码读出 c:\temp\目录下的所有子目录，并将其存储到字符串数组中。

```
string[] Directorys;
Directorys = Directory.GetDirectories (@"c:\temp");
```

（5）Directory. GetFiles（），返回包含了指定路径的目录中的文件名的一个字符串数组。searchPattern 可以被指定来限制查找条件，如"＊.txt"。该方法声明如下：

```
public static string[] GetFiles(string path)
```
或
```
public static string[] GetFiles (string path,string searchPattern)
```
或
```
public static string[] GetFiles (string path,string searchPattern,SearchOp-
tion searchPattern)
```
下面的代码读出 c:\temp\目录下的所有文件,并将其存储到字符串数组中。
```
string [] Files;
Files = Directory. GetFiles (@"c:\temp");
```
（6）Directory.Exists(),判断指定路径表示的目录是否存在。存在返回 true,否则返回 false。该方法声明如下:
```
public static bool Exists(string path)
```
下面的代码判断是否存在 c:\temp 目录。不存在,则创建该目录。
```
if(! Directory..Exists(@"c:\temp")) //判断目录是否存在
{
        Directory.CreateDirectory(@"c:\temp");
}
```
（7）Directory. SetCreationTime(),设置目录创建时间,把指定路径上的目录的创建时间改为指定的日期 creationTime。该方法声明如下:
```
public static void SetCreationTime(string path,DateTime creationTime)
```
其中,path 参数为目录路径,creationTime 参数为需要改成的路径创建时间。

下面的代码能将 c:\temp 目录的创建时间修改为 2010 年 8 月 1 日。
```
Directory. SetCreationTime(@" c:\temp ",Convert. ToDateTime("2010-8-1"));
```
（8）Directory. SetLastAccessTime(),设置目录最后访问时间,把指定目录最后被访问的时间改为指定时间 lastAccessTime。该方法声明如下:
```
public static void SetLastAccessTime (string path,DateTime lastAccessTime)
```
下面的代码能将 c:\temp 目录的最后访问时间修改为 2010 年 8 月 2 日。
```
Directory. SetCreationTime(@" c:\temp ",Convert. ToDateTime("2010-8-2"));
```
（9）Directory. SetLastWriteTime(),设置目录被写入的最后时间,把指定目录最后被写入的时间更改为指定时间 lastWriteTime。该方法声明如下:
```
public static void SetLastWriteTime (string path,DateTime lastWriteTime)
```
下面的代码能将 c:\temp 目录的最后写入时间修改为 2010 年 8 月 3 日。
```
Directory. SetCreationTime(@" c:\temp ",Convert. ToDateTime("2010-8-3"));
```
DirectoryInfo 类和 Directory 类类似,都用于提供目录管理功能。使用 DirectoryInfo 类可以创建、删除、复制、移动和重命名目录,也可以获取和设置与目录的创建、访问及写入等操作相关的信息。

需要注意的是,Directory 是个静态类,也就是说不可以被实例化,但是可以直接运用由该类定义的各种方法,或者通过继承产生并实例化其派生类。使用时,Directory 不需要实例化,其方法的效率比使用相应的 DirectoryInfo 实例方法的效率更高,但 Directory 类的静态方法对所有方法都执行安全检查,如果打算多次重用某个目录对象,应考虑改用 DirectoryInfo 类的实例方法。下面分别对 DirectoryInfo 类的方法和属性进行介绍。

DirectoryInfo 类的重要方法及说明,如表 11-5 所示。

表 11-5　DirectoryInfo 对象的常用方法

方法名	说　明
Create	创建目录
Delete	删除目录
Move	从当前目录移动到新目录,源和目标目录位于同一目录下则应重命名
GetDirectories	获取子目录
GetFiles	获取目录下文件

首先创建一个 DirectoryInfo 实例,并将文件路径指向 c:\temp\NewDirectoty,如下:

DirectoryInfo di = new DirectoryInfo(@"c:\temp\NewDirectoty");

(1) Create()用来根据与调用 DirectoryInfo 对象相关的路径来创建一个新目录。该方法声明如下:

public void Create()

下面的代码演示,在 c:\temp 文件夹下创建名为 NewDirectory 的目录:

di.Create();

(2) Delete()用来删除调用 DirectoryInfo 对象所代表的目录。如果目录是空的,该方法的第 1 个版本只能删除目录。如果目录非空,它将不被删除,同时会抛出异常 IOException。如果是第 2 个版本,且将 recursive 设置为 true,指定目录中的子目录和文件也将被删除。方法声明如下:

public override void Delete()

或

public void Delete (bool recursive)

下面的代码演示删除 c:\temp 文件夹下的 NewDirectory 目录及其子目录:

di.Delete(true);

(3) MoveTo()用来把一个 DirectoryInfo 对象及其内容移到一个新的路径。如果目标路径已经存在或无效则抛出异常。该方法声明如下:

public void MoveTo (string destDirName)

下面的代码将从当前目录移动到 c:\temp\BackUp。移动前会先判断目标路径是否已经存在,不存在则创建并转移,存在则抛出异常。

di.MoveTo(@"c:\temp\BackUp");

(4) GetDirectories()返回一个 DirectoryInfo 类型的对象数组,数组中的对象代表与调用 DirectoryInfo 相关联的目录的子目录。参数 searchPattern 可以被指定来限制查找范围。如用"C＊"表示查找模式,则只有以字母"C"开头的目录被查找出来。该方法声明如下:

```
public DirectoryInfo[] CotDirectories ()                              // 当前目录
```
或
```
public DirectoryInfo[] GetDirectories (string searchPattern)   // 指定目录
```
或
```
public DirectoryInfo[] GetDirectories (string searchPattern, SearchOption
searchOption)              // 指定目录,并指定搜索选项 SearchOption
```
下面的代码读出 c:\temp\目录下的所有子目录,并将其存储到 DirectoryInfo 型数组中。
```
DirectoryInfo[] dis = di.GetDirectories(@"c:\temp");
```
(5) GetFiles()返回一个 FileInfo 类型的数组,包含了指定目录中的文件信息。searchPattern 可以被指定来限制查找。如将查找模式字符串设置为"＊.txt",则只对路径下文本文件进行查找。该方法声明如下:
```
public FileInfo[] GetFiles ()                    // 当前目录
```
或
```
public FileInfo[] GetFiles(string path)    // 指定目录
```
或
```
public FileInfo[] GetFiles (string searchPattern, SearchOption searchOption)
                           // 指定目录,并指定搜索选项 SearchOption
```
下面的代码读出当前目录下的所有文件,并将其存储到 FileInfo 型数组中。
```
FileInfo[] fis = di.GetFiles();
```
DirectoryInfo 类没有提供修改目录属性的方法,目录属性的修改可以通过 DirectoryInfo 类实例的属性来改变。DirectoryInfo 类中提供的常用目录属性及说明,如表 11-6 所示。

表 11-6　DirectoryInfo 对象常用属性

属性名	说　明
Exists	目录是否存在,bool 类型,只读
Attributes	文件系统属性,FileAttributes 类型,读/写
FullName	当前目录完整路径,string 类型,只读
CreationTime	目录创建时间,DateTime 类型,读/写
LastAccessTime	目录最后访问时间,DateTime 类型,读/写
LastWriteTime	目录最后被写入时间,DateTime 类型,读/写
Parent	父目录,DirectoryInfo 类型,只读
Root	目录所在根目录,DirectoryInfo 类型,只读

例 11-1 将完整演示 Directory 和 DirectoryInfo 两个类的属性和方法。

【例 11-1】　Directory 和 DirectoryInfo。
```
// 11-1.cs
public static void UseDirectory()
```

```
{
    Console.WriteLine("Directory 静态方法");
    if (! Directory.Exists(@"temp"))
        Directory.CreateDirectory(@"temp");
    else
        Directory.Move(@"temp",@"backup");

    // 获取子目录
    string[] Paths = Directory.GetDirectories(@"temp");
    // 获取目录中文件
    string[] Files = Directory.GetFiles(@"temp");
    // 获取指定目录的父目录
    Console.WriteLine("父目录:{0}",Directory.GetParent(@"temp"));
    // 获取指定目录的最后写入时间
    Console.WriteLine("目录的最后写入时间为:{0}",Directory.GetLastWrite-
    Time(@"temp"));
    // 获取指定目录的最后访问时间
    Console.WriteLine("目录的最后访问时间为:{0}",Directory.GetLastAc-
    cessTime(@"temp"));
    Console.WriteLine("目录的根目录:{0}",Directory.GetDirectoryRoot(@"
    temp"));
    // 设置创建时间
    Directory.SetCreationTime(@"temp",DateTime.Now);
    // 设置最后访问时间
    Directory.SetLastAccessTime(@"temp",DateTime.Now);
    // 设置最后写入时间
    Directory.SetLastWriteTime(@"temp",DateTime.Now);
    // 删除目录及其子目录和包含文件
    Directory.Delete(@"temp",true);
}

public static void UseDirectoryInfo()
{
    Console.WriteLine("DirectoryInfo 实例方法和属性");
    DirectoryInfo di = new DirectoryInfo(@"temp");
    // 判断文件夹是否存在,存在则转移到另外一个目录,不存在则创建
    if (! di.Exists)
    {
```

```
        di.Create();
    }
    else
    {
        // 从当前路径移动到目标路径,先判断目标路径是否已经存在,不存在
        则创建并转移,存在则抛出异常
        di.MoveTo(@"backup");
    }


    // 获取子文件夹,其返回类型为 DirectoryInfo 型数组
    DirectoryInfo[] dis = di.GetDirectories(@"temp",SearchOption.TopDirectoryOnly);
    // 获取目录下文件,其返回类型为 FileInfo 型数组
    FileInfo[] fis = di.GetFiles();
    // 修改目录的文件属性为只读
    di.Attributes = FileAttributes.ReadOnly;
    Console.WriteLine("目录的默认属性为:{0}",di.Attributes);
    // 获取目录完整路径
    Console.WriteLine("目录的完整路径为:{0}",di.FullName);
    // 获取目录的创建时间
    Console.WriteLine("目录的创建时间为:{0}",di.CreationTime);
    // 获取目录的最后访问时间
    Console.WriteLine("目录的最后访问时间为:{0}",di.LastAccessTime);
    // 获取目录的最后写入时间
    Console.WriteLine("目录的最后写入时间为:{0}",di.LastWriteTime);
    // 获取目录的父目录
    Console.WriteLine("目录的父目录:{0}",di.Parent);
    // 获取目录所在根目录
    Console.WriteLine("目录所在根目录:{0}",di.Root);

    di.Attributes = FileAttributes.Normal;
    // 删除目录及其子目录和包含文件
    di.Delete(true);
}


public static void Main(string[] args)
{
    UseDirectory();
    UseDirectoryInfo();
```

```
        Console.ReadKey();
}
```

例 11-1 的运行结果如图 11-1 所示。

图 11-1　例 11-1 的运行结果

例 11-1 中,分别使用了 Directory 类和 DirectoryInfo 实例对程序路径下的 temp 目录进行了操作,如创建、删除目录;查看目录的父目录、磁盘根目录;读取和设置目录的创建时间、最后访问时间、最后写入时间、目录属性等信息。从中可以看出两个类对目录的操作基本类似,因为 Directory 只提供静态方法,即使是对同一个目录进行的多次操作,每次调用方法的时候都必须提供目录路径,而 DirectoryInfo 是实例方法,目录路径只需要在构建对象时提供一次,调用多个方法也不需要再次去执行耗时的 I/O 操作。所以执行方法的次数多少决定了使用哪个类会更有效率。

11.3.2　File 和 FileInfo 类

File 类提供了一系列静态方法,对文件进行复制、移动、重命名、创建、打开、删除和追加到文件等操作。File 类还有用来创建各种 I/O 类型:FileStream、StreamReader 和 StreamWriter 对象的方法,这些 I/O 类型在后面的几节中将进行详细介绍。因为 File 类方法是静态的,而且能在任何时间被调用,所有方法在开始执行前会先执行一次安全检查。如表 11-7 所示。

表 11-7　File 类常用静态方法

方法名	说　明
Copy	将源文件复制为目标文件
Create	根据指定的路径创建一个文件,并返回一个可以访问该文件的 FileStream 对象
CreateText	创建或打开一个文件用于写入 UTF-8 编码的 StreamWrite
Delete	用于删除指定的文件
GetAttributes	返回一个 FileAttributes 对象
Move	把一个文件移动到一个新位置,并允许修改文件名

续　表

方法名	说　明
Open	根据指定模式来访问指定文件,并返回一个 FileStream 对象
OpenRead	以只读方式访问指定文件,并返回一个可以访问该文件的 FileStream 对象
OpenText	从指定路径的一个现有文件中读取文本,并返回一个 StreamReader 对象
OpenWrite	对指定路径的文件进行读/写操作,并返回一个 FileStream 对象
ReadAllBytes	打开指定文件,读取指定文件的所有内容到一个字节数组中
ReadAllText	打开指定文件,读取指定文件的所有内容到一个字符串数组中
Replace	用源文件内容替换目标文件内容,并备份目标文件
SetAttributes	设置指定路径上文件的指定的 FileAttributes
WriteAllBytes	创建一个新文件,在其中写入指定的字节数组,然后关闭该文件。如果目标文件已存在,则改写该文件
WriteAllLines	创建一个新文件,在其中写入指定的字符串,然后关闭文件。如果目标文件已存在,则改写该文件
WriteAllText	创建一个新文件,在文件中写入内容,然后关闭文件。如果目标文件已存在,则改写该文件

（1）Copy()用来将源文件复制为目标文件。复制过程中必须保证文件路径有效,如果目标文件已经存在,则必须使用该方法的第 2 个版本并指定覆盖参数 overwrite 为 true。该方法声明如下：

```
public static void Copy (string sourceFileName,string destFileName)
```

或

```
public static void Copy (string sourceFileName,string destFileName,bool overwrite)
```

（2）Create()根据指定的路径创建一个文件,并返回一个可以访问该文件的 FileStream 对象。如果该文件已经存在,则被替换。根据不同的构造方法还可以指定想要的 FileStream 缓冲区的大小。如果路径无效或调用者没有适当的文件访问权限,将会抛出异常。该方法声明如下：

```
public static FileStream Create(string path)
```

或

```
public static FileStream Create(string path,int bufferSize)
```

或

```
public static FileStream Create(string path,int bufferSize,FileOptions options)
```

或

```
public static FileStream Create(string path,int bufferSize,FileOptions options,FileSecurity fileSecurity)
```

（3）CreateText()创建或打开一个文件用于写入 UTF-8 编码的文本。该方法声明如下：

```
public static StreamWriter CreateText(string path)
```

（4）Delete()用于删除指定的文件。即使指定的文件不存在,也不会引发异常。该方法声明如下：

```
public static void Delete(string path)
```

（5）GetAttributes()返回一个 FileAttributes 对象，包含了位于指定路径的文件的属性信息。如果路径无效，将有一个异常被抛出。该方法声明如下：

```
public static FileAttributes GetAttributes(string path)
```

（6）Move()把一个文件移动到一个新位置，并允许修改文件名。如果任一路径路径无效，或目标路径表示文件已经存在，则抛出异常。该方法声明如下：

```
public static void Move (string sourceFileName,string destFileName)
```

（7）Open()返回一个 FileStream 对象，它能根据指定模式来访问指定文件。该方法还能够提供文件访问和文件共享约定。默认状态下是读/写访问，不共享文件。指定的文件必须已经存在。该方法声明如下：

```
public static FileStream Open (string path,FileMode mode)
```

或

```
public static FileStream Open (string path,FileMode mode,FileAccess access)
```

或

```
public static FileStream Open (string path,FileMode mode,FileAccess access,
FileShare share)
```

（8）OpenRead()返回一个 FileStream 对象，它能以只读方式访问指定文件。如果路径无效，或调用者没有适当权限，将抛出异常。该方法声明如下：

```
public static FileStream OpenRead (string path)
```

（9）OpenText()返回一个 StreamReader 对象，该对象能用来从指定路径的一个现有文件中读取文本。如果路径无效或调用者没有适当的权限，将抛出异常。该方法声明如下：

```
public static StreamReader OpenText (string path)
```

（10）OpenWrite()返回一个 FileStream 对象，该对象能对指定路径的文件进行读/写操作。如果路径无效，或调用者没有适当权限，将抛出异常。该方法声明如下：

```
public static FileStream OpenWrite (string path)
```

（11）ReadAllBytes()打开指定文件，读取指定文件的所有内容到一个字节数组中。如果路径无效，或调用者没有适当权限，将抛出异常。该方法声明如下：

```
public static byte[] ReadAllBytes (string path)
```

（12）ReadAllLines()打开指定文件，读取指定文件的所有内容到一个字符串数组中，每一行存储为一个字符串。默认情况下使用 UTF-8 编码格式读取文件，若文件存储时使用了不同的编码方式，读取时需要指定对应的编码格式。如果路径无效，或调用者没有适当权限，将抛出异常。该方法声明如下：

```
public static string[] ReadAllLines (string path)
```

或

```
public static string[] ReadAllLines (string path,Encoding encoding)
```

（13）ReadAllText()打开指定文件，读取指定文件的所有内容到一个字符串中。读

取时也能指定文本编码格式。如果路径无效,或调用者没有适当权限,将抛出异常。该方法声明如下:

```
public static string ReadAllText (string path)
```
或
```
public static string ReadAllText (string path,Encoding encoding)
```

(14) Replace()使用 sourceFileName 参数文件的内容替换 destinationFileName 参数文件的内容,这一过程将删除原始文件,并创建被替换文件的备份为 destinationBackupFileName。若出现合并错误(如属性和访问控制列表 ACL)可使用 ignoreMetadataErrors 参数决定是否忽略。如果路径无效,或调用者没有适当权限,将抛出异常。该方法声明如下:

```
public static void Replace (string sourceFileName, string destinationFileName,
string destinationBackupFileName)
```
或
```
public static void Replace (string sourceFileName, string destinationFileName,
string destinationBackupFileName,bool ignoreMetadataErrors)
```

(15) SetAttributes()为指定路径的文件分配指定的 FileAttributes 对象(如 Hidden、ReadOnly、Normal 和 Archive 等)。如果路径无效,或调用者没有适当权限,将抛出异常。该方法声明如下:

```
public static void SetAttributes (string path,FileAttributes fileAttributes)
```

(16) WriteAllBytes()在指定路径创建文件,在其中写入指定的字节数组,然后关闭该文件。如果目标文件已存在,则改写该文件。该方法声明如下:

```
public static void WriteAllBytes (string path,byte[] bytes)
```

(17) WriteAllLines()在指定路径创建文件,在其中写入指定的字符串数组,然后关闭该文件。如果目标文件已存在,则改写该文件。若需要设置编码格式,指定 encoding 参数即可。该方法声明如下:

```
public static void WriteAllLines (string path,string[] contents)
```
或
```
public static void WriteAllLines (string path,string[] contents,Encoding encoding)
```

(18) WriteAllText()在指定路径创建文件,在其中写入指定的字符串,然后关闭该文件。如果目标文件已存在,则改写该文件。该方法同样能够指定写入文件内容的编码格式。该方法声明如下:

```
public static void WriteAllText (string path,string contents)
```
或
```
public static void WriteAllText (string path,string contents,Encoding encoding)
```

FileInfo 拥有一些公共属性和方法,并且这些类的成员都不是静态的。需要实例化这些类,把每个实例与特定的文件关联起来。这样就可以对同一个文件执行多个操作,如表 11-8 所示。

表 11-8　FileInfo 常用属性

属性名	说　明
Attributes	当前文件的 FileAttributes,可读/写
Directory	获取当前文件父目录的 DirectoryInfo 对象
Exists	如果该文件存在,则为 true;否则为 false
Extension	获取当前文件扩展名的字符串
IsReadOnly	当前文件为只读,则为 true;否则为 false
Length	获取当前文件大小

FileInfo 中部分属性与 DirecotoryInfo 中属性的名称和作用相同,这里不再加以列举。使用 FileInfo 前必须先创建一个实例,其构造函数的声明如下:

```
public FileInfo(string fileName)
```

FileInfo 对象必须与一个实际存在的文件相关联。

表 11-9　FileInfo 实例常用方法

方法名	说　明
AppendText	向文件中附加文本
CopyTo	复制文件到新文件中
Create	创建文件,返回一个 FileStream 流
CreateText	创建写入新文本文件的 StreamWriter
Delete	删除文件
MoveTo	将指定文件移到新位置,并提供指定新文件名的选项
Open	用各种读/写访问权限和共享特权打开文件
OpenRead	创建只读 FileStream
OpenText	创建使用 UTF-8 编码从现有文本文件中进行读取的 StreamReader
OpenWrite	创建只写 FileStream
Replace	使用当前 FileInfo 对象所描述的文件替换指定文件的内容,这一过程将删除原始文件,并创建被替换文件的备份

(1) AppendText()返回一个 StreamWriter 对象,它能向文件中附加文本。该方法的声明如下:

```
public StreamWriter AppendText()
```

(2) CopyTo()可以把 FileInfo 对象所关联的文件复制到一个新文件中。文件不会被改写,除非 overwrite 参数被设置为 true。如果路径无效或调用者没有适当权限,将抛出异常。该方法的声明如下:

```
public FileInfo CopyTo(string destFileName)
```

或

```
public FileInfo CopyTo(string destFileName,bool overwrite)
```

（3）Create()返回一个 FileStream 对象，它能访问一个新创建的文件。所有用户都能对新文件进行读/写访问。该方法声明如下：

```
public FileStream Create ()
```

（4）CreateText()返回一个 StreamWriter 对象，它能用来向一个新创建的文件中写入文本。所有用户对新文件都能进行读/写操作。如果路径无效、磁盘是只读或调用者没有适当的权限，将抛出异常。该方法声明如下：

```
public StreamWriter CreateText()
```

（5）Delete()用于删除与 FileInfo 对象相关联的文件。路径无效或调用者没有适当权限，将抛出异常。该方法声明如下：

```
public override void Delete()
```

（6）MoveTo()把与 FileInfo 对象相关联的文件移动到一个新位置，并允许修改文件名。如果目标路径无效或调用者没有适当权限，将抛出异常。该方法声明如下：

```
public void MoveTo (string destFileName)
```

（7）Open()返回一个 FileStream 对象，对象能根据指定模式来访问 FileInfo 对象所关联的文件。该方法还可以提供文件访问和文件共享的设置。默认情况下只提供读/写访问，不共享。如果文件没找到或调用者没有适当权限，将抛出异常。该方法的声明如下：

```
public FileStream Open (FileMode mode)
```

或

```
public FileStream Open (FileMode mode,FileAccess access)
```

或

```
public FileStream Open (FileMode mode,FileAccess access,FileShare share)
```

（8）OpenRead()返回一个 FileStream 对象，该对象提供了与 FileInfo 对象关联的文件的只读访问。如果文件路径有误或已经被打开，将抛出异常。该方法的声明如下：

```
public FileStream OpenRead()
```

（9）OpenText()返回一个采用 UTF-8 编码的 StreamReader 对象，它可以用来从一个现有文件中读取文本。如果文件路径有误或已经被打开，将抛出异常。该方法的声明如下：

```
public StreamReader OpenText()
```

（10）OpenWriter()返回一个 FileStream 对象，它能对调用 FileInfo 对象关联的文件进行只写操作。如果文件路径有误或已经被打开，将抛出异常。该方法的声明如下：

```
public FileStream OpenWrite()
```

（11）Replace()把与 FileInfo 对象关联文件的内容用 destinationFileName 参数文件的内容替换，替换后删除与 FileInfo 对象关联的文件，并创建被替换文件的备份 destinationBackupFileName。若出现合并错误（如属性和访问控制列表 ACL）可使用 ignoreMetadataErrors 参数决定是否忽略。如果路径无效，或调用者没有适当权限，将抛出异常。该方法声明如下：

public FileInfo Replace (string destinationFileName,string destinationBack-
upFileName)

或

public FileInfo Replace (string destinationFileName,string destinationBack-
upFileName,bool ignoreMetadataErrors)

例 11-2 将完整演示 File 和 FileInfo 两个类的属性和方法。

【**例 11-2**】 File 和 FileInfo。

```
//11-2.cs
public static void Main(string[] args)
{
    UseFile();
    Console.WriteLine();
    //UseFileInfo();
    Console.ReadKey();
}


public static void UseFile()
{
    // 创建文件,并以 FileStream 的形式返回所创建的文件
    using (FileStream fs = File.Create(@"temp\CSharp.txt", 20, FileOp-
    tions.RandomAccess))
    {
        Console.WriteLine("创建并打开文件 temp\CSharp.txt");
    }
    // 打开指定文件,并返回一个 FileStream
    using (FileStream fs = File.Open(@"temp\CSharp1.txt", FileMode.Ope-
    nOrCreate, FileAccess.ReadWrite, FileShare.ReadWrite))
    {
        Console.WriteLine("打开文件 temp\CSharp1.txt");
    }
    // 获取只读的 FileStream
    using (FileStream ReadOnlyStream = File.OpenRead(@"temp\CSharp.txt"))
    {
        Console.WriteLine("以只读方式打开文件 temp\CSharp.txt");
    }
    // 获取只写的 FileStream
    using (FileStream WriteOnlyStream = File.OpenWrite(@"temp\CSharp.txt"))
```

```
{
    Console.WriteLine("以只写方式打开文件 temp\CSharp.Lxt");
}
// 获取一个 StreamReader 对象
using (StreamReader sReader = File.OpenText(@"temp\CSharp.txt"))
{
    Console.WriteLine("以 UTF-8 编码只读方式打开文件 temp\CSharp.txt");
}
// 获取一个 StreamWriter 对象
using (StreamWriter sWrite = File.CreateText(@"temp\CSharp.txt"))
{
    Console.WriteLine("以 UTF-8 编码只写方式打开文件 temp\CSharp.txt");
}
// 复制第一个参数表示的文件到第二个参数表示的文件
File.Copy(@"temp\替换文件.bak", @"temp\替换文件.txt", true);
Console.WriteLine(@"将文件 temp\替换文件.bak 复制到 temp\替换文件.txt");
// 查看文件属性
Console.WriteLine(File.GetAttributes(@"temp\CSharp.txt").ToString());
// 设置文件属性
File.SetAttributes(@"temp\CSharp.txt", FileAttributes.Normal);

if (File.Exists(@"temp\CSharp2.txt"))
{
    File.Delete(@"temp\CSharp2.txt");
}
// 移动指定文件到新位置,目标路径不能已经存在文件
File.Move(@"temp\CSharp1.txt", @"temp\CSharp2.txt");
Console.WriteLine(@"将文件 temp\CSharp1.txt 移动到 temp\CSharp2.txt");
// 用第一个参数表示的文件内容替换第二个参数表示文件的内容,源文件会被
   删除,并备份第二个文件
File.Replace(@"temp\替换文件.txt", @"temp\CSharp.txt", @"temp\
CSharp.bak");
Console.WriteLine(@"用 temp\替换文件.txt 替换 temp\CSharp.txt");
// 向文件中写入 byte 数组
Console.WriteLine(@"将 byte 数组写入文件 temp\CSharp.txt");
byte[] bArrayWrite = System.Text.Encoding.Default.GetBytes ("Hello
CSharp!");
```

```
File.WriteAllBytes(@"temp\CSharp.txt", bArrayWrite);


    // 从文件中读取 byte 数组
    Console.WriteLine(@"从文件 temp\CSharp.txt 中读取 byte 数组");
    byte[] bArrayRead = File.ReadAllBytes(@"temp\CSharp.txt");
    Console.WriteLine(System.Text.Encoding.Default.GetString(bArray-
    Read));
    // 向文件中逐行写入字符串数组元素
    Console.WriteLine(@"向文件 temp\CSharp.txt 中逐行写入字符串数组元素");
    File.WriteAllLines(@"temp\CSharp.txt", new string[] { "Hello", "CSharp", "!" });
    // 从文件中读取所有行到字符串数组
    Console.WriteLine(@"从文件 temp\CSharp.txt 中读取所有行到字符串数组");
    string[] strs = File.ReadAllLines(@"temp\CSharp.txt");
    for(int i = 0; i < strs.Length; i++)
        Console.WriteLine(strs[i]);


    // 向文件中写入单个字符串
    Console.WriteLine(@"向文件 temp\CSharp.txt 中写入单个字符串");
    File.WriteAllText(@"temp\CSharp.txt", "Hello CSharp!");
    // 读取文件内容到单个字符串
    Console.WriteLine(@"读取文件 temp\CSharp.txt 内容到单个字符串");
    string str = File.ReadAllText(@"temp\CSharp.txt");
    Console.WriteLine(str);
}


public static void UseFileInfo()
{
    // 创建 FileInfo 实例,文件尚未创建
    FileInfo f = new FileInfo(@"temp\CSharp.txt");


// 创建文件
using (FileStream fs = f.Create())
{
    Console.WriteLine("创建文件");
    Console.WriteLine(@"temp\CSharp.txt 文件属性:{0},文件路径:{1},文件扩
    展名:{2},文件长度:{3},是否只读:{4}", f.Attributes.ToString(), f.Di-
    rectory.FullName, f.Extension, f.Length, f.IsReadOnly);
```

```
        }
        // 创建并打开文件,已存在则打开
        using (FileStream fs = f.Open(FileMode.OpenOrCreate, FileAccess.Read-
        Write, FileShare.ReadWrite))
    {
        Console.WriteLine("创建并打开文件");
    }
    // 打开文件并返回一个只读 FileStream 对象,文件不存在则出现异常
    using (FileStream fs = f.OpenRead())
    {
        Console.WriteLine("打开文件并返回一个只读 FileStream 对象");
    }
    // 打开文件并返回一个只写 FileStream 对象,文件不存在则创建
    using (FileStream fs2 = f.OpenWrite())
    {
        Console.WriteLine("打开文件并返回一个只写 FileStream 对象");
    }
    // 打开文件并返回一个 UTF-8 编码的 StreamReader 对象,文件不存在则出现异常
    using (StreamReader sReader = f.OpenText())
    {
        Console.WriteLine("打开文件并返回一个 UTF-8 编码的 StreamReader 对象");
    }
    // 打开并返回一个 StreamWriter 对象,它能向文件中附加文本,文件不存在则创建
    using (StreamWriter sWriter = f.AppendText())
    {
        Console.WriteLine("打开并返回一个可附加 StreamWriter 对象");
    }
    // 创建文件并返回一个 StreamWriter 对象,文件不存在则创建
    using (StreamWriter sWriter1 = f.CreateText())
    {
        Console.WriteLine("创建文件并返回一个 StreamWriter 对象");
    }

    // FileInfo 对象所关联的文件复制到一个新文件中
        f.CopyTo(@"temp\CSharp1.txt", true);
    Console.WriteLine("把文件 CSharp1.txt 复制为 CSharp1.txt");
    // 把与 FileInfo 对象相关联的文件移动到一个新位置,目标文件存在则抛出异常
```

```
f.MoveTo(@"temp\CSharp2.txt");
Console.WriteLine("把文件 CSharp.txt 移动到新位置");
// 把与 FileInfo 对象关联文件的内容用 destinationFileName 参数文件的内容替
   换,替换后删除与 FileInfo 对象关联的文件,并创建被替换文件的备份 destina-
   tionBackupFileName
f.Replace(@"temp\CSharp1.txt", @"temp\替换文件.bak", true);
Console.WriteLine("把 FileInfo 对象关联文件替换为新文件,删除原文件");
// 删除文件
f.Delete();
Console.WriteLine("");
}
```

分别在主函数中调用 UseFile 和 UseFileInfo 方法,得到如图 11-2 和图 11-3 所示结果。

图 11-2　例 11-2 中调用 UseFile 方法运行结果

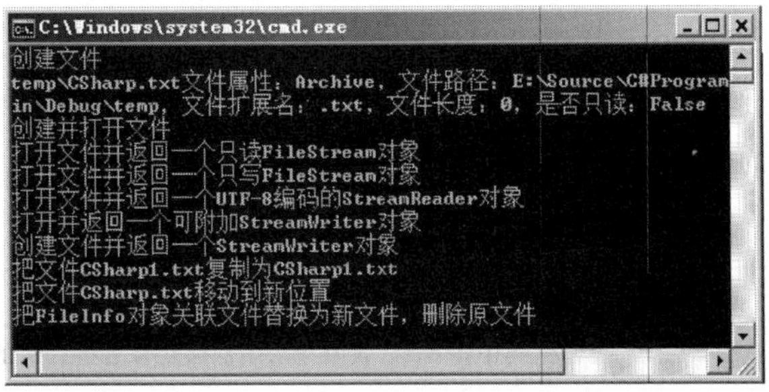

图 11-3　例 11-2 中调用 UseFileInfo 方法运行结果

11.3.3 字节流

字节流属于最基本的 I/O 流,因为它们只用来读/写字节。字节本身并没有它们所代表的类型信息。二进制和字符数据流经常封装一个底层的字节流,如图 11-3 所示。

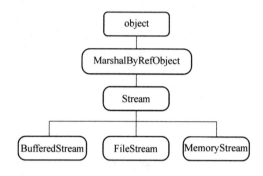

图 11-4　字节流类层次结构

所有的字节流都继承自 Object 和 MarshalByRefObject 类。从 MarshalByRefObject 类继承说明一个字节流实例可以用作一个远程对象。比如,可以用来在一个分布式应用程序中传送数据。Stream 类是字节流类的抽象基类。它提供了能够读或写一个字节或一个字节缓冲区内容的基本方法。这些 I/O 操作可以以同步或是异步的方式完成。

类 BufferedStream、FileStream 和 Memorystream 扩展了 Stream 类,使之增加了一些附加功能。BufferedStream 类用一个缓冲区来封装另一个字节流。数据在被发送到最终目的地之前被读取或写入缓冲区。缓冲后的 I/O 可以减少对操作系统的调用次数。类 FileStream 把一个输入或输出流与一个文件建立关联,这可以对文件进行读/写操作。MemoryStream 允许从内存中直接进行读/写,而不需要通过磁盘或远程连接。

字符编码经常和字节流一起使用,从而使字节和字符间的转换更加容易。

11.3.4 Stream 抽象类

Stream 类是所有字节流的抽象基类。它定义了用来读/写字节数据的基本方法,它的 I/O 功能包括了对同步和异步数据传送的支持。Stream 类定义的一些方法可以在被一个派生类所覆盖时,改变 I/O 流的当前位置和流的长度。因为 Stream 继承了 MarshalByRefObject,所以一个字节流可以用作一个远程对象。Stream 类的定义如下:

```
public abstract class Stream : MarshalByRefObject,IDisposable
```

Stream 类提供的公共属性如表 11-10 所示。

表 11-10　Stream 类公共属性

属性名	说　明
CanRead	在派生类中重写时,获取指示当前流是否支持读取的值
CanSeek	在派生类中重写时,获取指示当前流是否支持查找功能的值
CanTimeout	在派生类中重写时,获取一个值,确定当前流是否可以超时

属性名	说 明
CanWrite	在派生类中重写时,获取指示当前流是否支持写入功能的值
Length	在派生类中重写时,获取用字节表示的流长度
Position	在派生类中重写时,获取或设置当前流中的位置
ReadTimeout	在派生类中重写时,获取或设置一个值,确定流在超时前尝试读取多长时间
WriteTimeout	在派生类中重写时,获取或设置一个值,确定流在超时前尝试写入多长时间

Stream 类提供的公共方法如表 11-11 所示。

表 11-11 Stream 类提供主要公共方法

方法名	说 明
BeginRead	开始异步读操作
BeginWrite	开始异步写操作
Close	关闭当前流并释放与之关联的所有资源
CreateWaitHandle	创建 WaitHandle 对象,用于在 EndRead 或 EndWrite 方法内阻塞,直到异步的读/写操作完成
EndRead	等待挂起的异步读取完成
EndWrite	结束异步写操作
Flush	清空流的所有缓冲区,所有缓冲数据都被写入到底层设备
Read	从流中读取字节序列到指定字节数组,并将流中的位置以读取的字节数为单位向前推进
ReadByte	从流中读取一个字节,并返回转换为 32 位整数后的值。流内的位置向前推进一个字节。达到流的末尾,返回−1
Seek	根据相对于指定源点的指定字节偏移量来设定流内的当前位置
SetLength	以字节为单位设定指定的流长度
Write	把指定字节数组中的数据写入当前流
WriteByte	向输出流中写入指定的字节,并把流的位置向前推进一个单位

Stream 是一个抽象基类,其所定义的属性和方法都需要重写后才能使用,下面来讨论继承自 Stream 类的 BufferedStream、FileStream、MemoryStream 等几个派生类。

11.3.5 BufferedStream 类

BufferedStream 类为其他的 I/O 流的读/写操作提供了一个内部的缓冲区。一个缓冲区就是用来临时存储数据的一块内存。在把数据从文件读出或把数据写入文件时,写入的数据已经实现了缓冲。BufferedStream 类是为那些不能自动对读/写操作进行缓冲的程序提供的。使用缓冲区可以减少对操作系统的调用次数,从而相对非缓冲 I/O 操作性能有所提高。BufferedSteam 可以封装某些其他类型的 I/O 流,并提供对底层的流进行字节读/写的方法。BufferedStream 类的构造函数定义如下：

```
public BufferedStream (Stream stream)
```

或

```
public BufferedStream (Stream stream,int bufferSize)
```

构造函数创建一个 BufferedStream 对象，它封装指定的底层流。默认的缓冲区大小为 4 096 字节，也可以另外指定自己需要的缓冲区大小，指定的数值必须大于 0。

BufferedStream 类继承了 Stream 类的共有属性，下面对这些重写的属性进行说明。

（1）CanRead，只读属性，如果当前流支持读操作，返回 true，如果流是关闭的或只支持写操作则返回 false。

（2）CanSeek，只读属性，如果流支持查找则返回 true，否则返回 flase。

（3）CanWrite，只读属性，如果可以对流进行些操作则返回 true，如果流被关闭或是只读的，则返回 flase。

（4）Length，只读属性，返回以字节为单位的流的长度，这个长度是读/写数据的实际长度，不是缓冲区的大小。

（5）Position，读/写属性，读取或设定流的当前位置。

BufferedStream 类对 Stream 类提供的共有方法进行了重写，下面对这些方法进行说明。

（1）Close()用来关闭调用 BufferedStream 对象并释放与之相关联的所有资源。写入缓冲区的所有数据都在流被关闭前发送到地产的存储库或数据源。其定义方法如下：

```
public override void Close()
```

（2）Flush()用来清空被 BufferStream 对象使用的所有缓冲区。所有的缓冲数据都被写入了底层的设备。其定义方法如下：

```
public override void Flush()
```

（3）Read()用于把当前缓冲的流中的字节复制到指定的字节数组。参数 offset 是缓冲区中开始复制的位置。参数 count 是将要读取的字节数。它返回实际读入数组的总字节数。如果 array 为一个空引用，如果 offset 或 count 超出了范围，如果流不支持读操作，如果方法在流关闭后被调用，或出现其他的一些 I/O 错误，将会抛出异常。该方法的声明如下：

```
public override int Read([InAttribute] [OutAttribute] byte[] array,int off-
set,int count)
```

（4）ReadByte()可以从底层流中读取一个字节，并把该字节转换为一个 32 位整数值返回。如果已经达到了流的末端，该方法会返回-1。如果流不支持读操作，或流在方法被调用前已被关闭，将抛出异常。该方法的声明如下：

```
public override int ReadByte ()
```

（5）Seek()根据相对于指定的位置的指定字节偏移量类设定当前流的位置。它所返回的是流的新位置。如果流不支持流查找，或流在方法被调用前已关闭，将抛出异常。该方法的声明如下：

```
public override long Seek(long offset,SeekOrigin origin)
```

（6）SetLength()把缓冲流的长度以字节为单位设定为指定的值。如果指定值小于当前流的长度流将被截断。如果流不支持写操作和查找，或该方法在流关闭后被调用，将抛出异常。该方法的声明如下：

```
public override void SetLength(long value)
```

（7）Write()把指定字节数组的内容写入到指定的输出流，根据写入的字节数推进流的位置。参数 offset 是缓冲区中开始进行复制到缓冲流的位置。参数 count 是被写入到流的字节数。如果 array 是一个空引用，如果参数 offset 或 count 超出了范围，如果该方法在流关闭后被调用，或如果流不支持写操作，将抛出异常。该方法的声明如下：

```
public override void Write(byte[] array,int offset,int count)
```

（8）WriteByte()把指定的字节写入缓冲流的当前位置，并把流的位置推进一个字节。如果 value 是一个空引用，或如果方法在流关闭后被调用，将抛出异常。该方法的声明如下：

```
public override void WriteByte(byte value)
```

11.3.6　FileStream 类

FileStream 类代表了能够访问一个文件的 I/O 流。它允许数据被写入文件或是从文件中读取。FileStream 类同时支持同步和异步的文件访问。它是一个相当原始的流，它只能读取或写入一个字节或字节数组。通常不需要直接和 FileStream 类的成员交互，而是使用各种 Stream 包装类（如 StreamRead 或 StreamWriter），它们能更方便地处理文本数据。

下面的代码演示把一段简单的文字信息写入一个新建的文件 Msg.dat。因为 FileStream 只能处理原始字节，我们必须把 System.String 编码成相应的字节数组。

该例在演示把数据填充进文件的同时，也体现出了直接使用 FileStream 类的缺点：需要操作原始字节。其他从 Stream 派生的类型也差不多，如果想向一段内存写入字节队列的话，可以使用 MemoryStream。同样，如果想向网络连接压入字节数组的话，可以使用 NetworkStream。

11.3.7　MemoryStream 类

MemoryStream 类创建的流使用类此来作为后备存储器，而不是磁盘或网络连接。MemoryStream 类封装了存储在一个无符号字节数组中的数据。这样的数据可以直接从内存中访问，从而提供了把数据写入磁盘之外的方法。MemoryStream 类提供了可以把 MemoryStream 的内容传送到另外一个字节 I/O 流的方法。

例 11-3 将演示 BufferedStream、FileStream 和 MemoryStream 三个类的属性和方法。

【例 11-3】 BufferedStream、FileStream 和 MemoryStream。

```
//11-3.cs
public static void Main(string[] args)
{
    UseBufferedStream();
    UseFileStream("abcdefg");
```

```
        UseMemoryStream("内存流测字符串,测试分段读取");
        Console.ReadKey();
    }


    public static void UseFileStream(string msg)
    {
        Console.WriteLine("\n 使用 FileStream");
        FileStream fStream = File.Open("msg.dat", FileMode.Create);

        byte[] msgArray = Encoding.Default.GetBytes(msg);
        // 写入文件
        fStream.Write(msgArray, 0, msgArray.Length);
        Console.WriteLine("从指定位置逐字符读取文件流");
        // 设置文件流起始位置
        fStream.Position = 1;
        byte[] BytesFromFile = new byte[msgArray.Length];
        for (int i = (int)fStream.Position; i < msgArray.Length; i++)
        {
            BytesFromFile[i] = (byte)fStream.ReadByte();
            Console.Write((char)BytesFromFile[i]);
        }

        Console.WriteLine();
        Console.WriteLine(Encoding.Default.GetString(BytesFromFile));
        fStream.Dispose();
    }

    public static void UseBufferedStream()
    {
        Console.WriteLine("使用 BufferedStream");
        // 打开输出文件
        Stream oStream = File.OpenWrite("output.txt");
        // 打开输入文件
        Stream iStream = File.OpenRead("input.txt");
        // 创建缓存
        BufferedStream bStreamOutput = new BufferedStream(oStream);
        BufferedStream bStreamInput = new BufferedStream(iStream);

        // 输入/出缓存流属性
```

```
Console.WriteLine("输入流\n可读:{0},可写:{1},可查:{2},位置:{3},长度:
{4}", bStreamInput.CanRead, bStreamInput.CanWrite, bStreamInput.Can-
Seek, bStreamInput.Position, bStreamInput.Length);
Console.WriteLine("输出流\n可读:{0},可写:{1},可查:{2},位置:{3},长度:
{4}", bStreamOutput.CanRead, bStreamOutput.CanWrite, bStreamOutput.
CanSeek, bStreamInput.Position, bStreamInput.Length);
byte[] buffer = new Byte[4096];
int bytesRead;

while ((bytesRead = bStreamInput.Read(buffer, 0, 4096)) > 0)
{
    bStreamOutput.Write(buffer, 0, bytesRead);
}
// 清空缓冲
bStreamOutput.Flush();
// 关闭缓冲对象,并释放资源
bStreamInput.Close();
bStreamOutput.Close();
}


public static void UseMemoryStream(string msg)
{
    Console.WriteLine("\n使用MemoryStream");
    // 获取 byte 数组
    UnicodeEncoding uniEncoding = new UnicodeEncoding();
    byte[] msgArray = uniEncoding.GetBytes(msg);

    char[] charArray;
    MemoryStream memStream = new MemoryStream(msgArray);
    // 内存流类属性
    Console.WriteLine("容量:{0}\n数量:{1}\n当前位置:{2}", memStream.Ca-
pacity.ToString(), memStream.Length.ToString(), memStream.Position.To-
String());
    //将当前位置指定为流开始处
    memStream.Seek(0, SeekOrigin.Begin);
    msgArray = new byte[memStream.Length];
    //从流中读取前 20 个字节
    int count = memStream.Read(msgArray, 0, 20);
    //逐个读取剩下的字节
```

```
for ( , count < memStream.Length; count + + )
    msgArray[count] = Convert.ToByte(memStream.ReadDytc());
//将字节数组转换为字符数组并显示出来
charArray = new char[uniEncoding.GetCharCount(msgArray, 0, count)];
uniEncoding.GetChars(msgArray, 0, count, charArray, 0);
// 清空缓冲
memStream.Flush();
// 关闭并释放对象
memStream.Close();
Console.WriteLine(charArray);
}
```

例 11-3 的运行结果如图 11-5 所示。

图 11-5　例 11-3 的运行结果

习　题

1. 简述 Directory 和 DirecotoryInfo 类的区别及各自的优点。

2. 简述 File 和 FileInfo 类的区别及各自的优点。

3. 分别说明使用 FileStream 对象进行异步和同步读写文件的方法，简述这两种方式的优缺点。

4. 编写程序，实现文本文件的创建、打开、修改和保存（使用文件和二进制两种方式）。

5. 编写程序，它使用二进制文件方法来写文件。创建一个用于存储人的姓名、性别、年龄、是否是党员的结构。将若干人的信息写入文件中。

参 考 文 献

[1]　齐立波. C♯入门经典. 3 版. 北京:清华大学出版社,2008.

[2]　李铭. C♯高级编程. 6 版. 北京:清华大学出版社,2010.

[3]　微软公司. C♯语言规范(3.0). 网络:百度文库.

[4]　Daniel Solis. C♯图解教程. 北京:人民邮电出版社,2009.

[5]　Jesse Liberty. ProgrammingC♯(中文版). 4 版. 北京:电子工业出版社,2007.

[6]　Andrew Troelsen. C♯与. NET3.5 高级程序设计. 4 版. 北京:人民邮电出版社,2009.

[7]　Stanley B. Lippman. C♯ Primer(中文版). 侯捷,陈硕,译. 武汉:华中科技大学出版社,2003.